U1070248

全国高等职业教育规划教材

JavaScript 程序设计实例教程

主　编　程　乐　张趁香　刘万辉

副主编　郑丽萍　陆彩霞　翁业林

参　编　张新红　吴勇刚

机械工业出版社

本书通过对 JavaScript 课程的讲解，使读者逐步建立和掌握 Web 客户端静态页面设计的思想方法，具备分析问题和解决问题的能力，能够使用 HTML 语言、CSS 样式、JavaScript 脚本编写 Web 客户端静态页面解决实际问题。

本书教学内容采用模块化的编写思路，分为基础知识教学与综合实例训练。在基础知识教学环节采用示例演示的方式将理论具体化，然后再通过实例训练的方式系统地运用知识，最后通过综合实例系统地应用 JavaScript 技术。本书在内容上主要分为 10 个教学模块和 1 个综合应用实例模块。教学模块包括 JavaScript 概述、HTML 语言、CSS+DIV 应用、JavaScript 语言基础、函数及其应用、常用内置对象、常用文档对象、常用窗口对象、事件处理、DOM 高级编程。综合应用实例模块包括下拉菜单的设计、JavaScript 在线测试系统设计和 JavaScript 在线脚本编辑器设计 3 个项目，系统地将 HTML 语言、CSS 样式、JavaScript 脚本编程 3 项技术综合运用。在项目实施的基础上，读者通过“学、仿、做”，可达到理论与实践统一、知识内化的教学目的。

本书结构合理，内容丰富，实用性强，可以作为计算机类专业、商务类专业、艺术类专业的教学用书，也可以作为培训教程，还可以作为相关专业从业人员的自学用书。

本书配套授课电子课件、源代码、习题答案等资源，需要的教师可登录 www.cmpedu.com 免费注册、审核通过后下载，或联系编辑索取（QQ：1239258369，电话：010-88379739）。

图书在版编目(CIP)数据

JavaScript 程序设计实例教程/程乐，张趁香，刘万辉主编. —北京：机械工业出版社，2013.4（2018.1 重印）
全国高等职业教育规划教材
ISBN 978-7-111-42101-6

Ⅰ. ①J… Ⅱ. ①程… ②张… ③刘… Ⅲ. ①Java 语言—程序设计—高等职业教育—教材 Ⅳ. ①TP312

中国版本图书馆 CIP 数据核字（2013）第 071154 号

机械工业出版社（北京市百万庄大街 22 号　邮政编码 100037）
责任编辑：鹿　征　刘闻雨
责任印制：常天培
北京圣夫亚美印刷有限公司印刷
2018 年 1 月第 1 版 · 第 6 次印刷
184mm×260mm · 14.25 印张 · 353 千字
13301—15200 册
标准书号：ISBN 978-7-111-42101-6
定价：37.00 元

凡购本书，如有缺页、倒页、脱页，由本社发行部调换

电话服务	网络服务
服务咨询热线：010-88379833	机 工 官 网：www.cmpbook.com
读者购书热线：010-88379649	机 工 官 博：weibo.com/cmp1952
	教育服务网：www.cmpedu.com
封面无防伪标均为盗版	金 书 网：www.golden-book.com

全国高等职业教育规划教材计算机专业
编委会成员名单

出版说明

根据《教育部关于以就业为导向深化高等职业教育改革的若干意见》中提出的高等职业院校必须把培养学生动手能力、实践能力和可持续发展能力放在突出的地位，促进学生技能的培养，以及教材内容要紧密结合生产实际，并注意及时跟踪先进技术的发展等指导精神，机械工业出版社组织全国近60所高等职业院校的骨干教师对在2001年出版的“面向21世纪高职高专系列教材”进行了全面的修订和增补，并更名为“全国高等职业教育规划教材”。

本系列教材是由高职高专计算机专业、电子技术专业和机电专业教材编委会分别会同各高职高专院校的一线骨干教师，针对相关专业的课程设置，融合教学中的实践经验，同时吸收高等职业教育改革的成果而编写完成的，具有“定位准确、注重能力、内容创新、结构合理和叙述通俗”的编写特色。在几年的教学实践中，本系列教材获得了较高的评价，并有多个品种被评为普通高等教育“十一五”国家级规划教材。在修订和增补过程中，除了保持原有特色外，针对课程的不同性质采取了不同的优化措施。其中，核心基础课的教材在保持扎实的理论基础的同时，增加实训和习题；实践性较强的课程强调理论与实训紧密结合；涉及实用技术的课程则在教材中引入了最新的知识、技术、工艺和方法。同时，根据实际教学的需要对部分课程进行了整合。

归纳起来，本系列教材具有以下特点：

1）围绕培养学生的职业技能这条主线来设计教材的结构、内容和形式。

2）合理安排基础知识和实践知识的比例。基础知识以“必需、够用”为度，强调专业技术应用能力的训练，适当增加实训环节。

3）符合高职学生的学习特点和认知规律。对基本理论和方法的论述要容易理解、清晰简洁，多用图表来表达信息；增加相关技术在生产中的应用实例，引导学生主动学习。

4）教材内容紧随技术和经济的发展而更新，及时将新知识、新技术、新工艺和新案例等引入教材。同时注重吸收最新的教学理念，并积极支持新专业的教材建设。

5）注重立体化教材建设。通过主教材、电子教案、配套素材光盘、实训指导和习题及解答等教学资源的有机结合，提高教学服务水平，为高素质技能型人才的培养创造良好的条件。

由于我国高等职业教育改革和发展的速度很快，加之我们的水平和经验有限，因此在教材的编写和出版过程中难免出现问题和错误。我们恳请使用这套教材的师生及时向我们反馈质量信息，以利于我们今后不断提高教材的出版质量，为广大师生提供更多、更适用的教材。

机械工业出版社

前　言

互联网的魅力在于缩短了世界的距离，让互联网具有这种神奇功能的元素就是网站。早期的网站完全由 HTML 文档一次成型，然而随着现实网页的排版与布局形态千变万化，加之 Web 技术的不断升级，利用不同功能的语言将网页内容结构、网页排版布局、网页特效与交互处理进行分离成为当前主流趋势。它们的主要分工为：HTML 标记元素描述网页的内容结构，CSS 描述网页的排版布局，JavaScript 描述网页的特效与交互处理。

就 JavaScript 而言，它是 Web 页面中的一种脚本编程语言，也是一种通用的、跨平台的、基于对象和事件驱动的具有安全性的脚本语言。它不需要进行编译，而是直接嵌入 HTML 页面中，把静态页面转变成支持用户交互并响应事件的动态页面。

本书教学内容采用模块化的编写思路，分为基础知识教学与综合实例训练。在基础理论讲解环节采用示例演示的方式将理论具体化，然后再通过实例训练系统地运用知识，最后通过实例项目系统地应用 JavaScript 技术。

从知识模块上，本书主要分为 10 个教学模块和 1 个综合应用实例模块，其中教学模块包括 JavaScript 概述、HTML 语言、CSS+DIV 应用、JavaScript 语言基础、函数及其应用、常用内置对象、常用文档对象、常用窗口对象、事件处理、DOM 高级编程；综合应用实例模块通过下拉菜单的设计、JavaScript 在线测试系统设计和 JavaScript 在线脚本编辑器设计 3 个项目系统地将 HTML 语言、CSS 样式、JavaScript 脚本编程 3 项技术进行了综合运用。在项目实施的基础上通过“学、仿、做”达到理论与实践统一、知识内化的教学目的。

本书由程乐、张趁香、刘万辉主编，俞宁主审。编写分工为：翁业林编写了第 1 章，程乐编写了第 2、3、9 章，张新红编写了第 4 章，张趁香编写了第 5、6 章，吴勇刚编写了第 7 章，郑丽萍编写了第 8 章，陆彩霞编写了第 10 章，刘万辉编写了第 11 章，全书由程乐统稿。

本书配套多媒体课件、源代码、课后习题答案等资源。

由于编者水平有限，书中难免存在不妥之处，恳请读者给予批评指正。

编　者

目　录

出版说明
前言
第 1 章　JavaScript 概述 …… 1
1.1　JavaScript 简述 …… 1
1.1.1　JavaScript 的简介 …… 1
1.1.2　JavaScript 的主要特点 …… 1
1.1.3　JavaScript 相关应用 …… 2
1.2　JavaScript 的使用方法与工作原理 …… 3
1.2.1　JavaScript 的使用方法 …… 3
1.2.2　JavaScript 的工作原理 …… 5
1.3　编写 JavaScript 的工具 …… 6
1.3.1　使用记事本编辑 JavaScript 程序 …… 6
1.3.2　使用 Dreamweaver 编辑 JavaScript 程序 …… 7
1.4　JavaScript 程序编写、运行与调试 …… 9
1.4.1　编写 JavaScript 代码 …… 9
1.4.2　运行 JavaScript 程序 …… 9
1.4.3　调试 JavaScript 程序 …… 10
1.5　实例：JavaScript 基本操作 …… 12
1.5.1　学习目标 …… 12
1.5.2　实例介绍 …… 12
1.5.3　实施过程 …… 12
1.5.4　实例拓展 …… 12
1.6　习题 …… 12
第 2 章　HTML 语言 …… 14
2.1　HTML 的基本概念 …… 14
2.1.1　HTML 简介 …… 14
2.1.2　HTML 的结构 …… 14
2.1.3　HTML 的标记 …… 15
2.2　HTML 文档常用标记 …… 16
2.2.1　<head>标记 …… 16
2.2.2　<body>标记 …… 16
2.2.3　文字段落相关标记 …… 17
2.2.4　网页中插入图片标记<img> …… 19

2.2.5 播放音频与视频 …… 20
2.2.6 列表 …… 21
2.2.7 表格 …… 23
2.2.8 超链接 …… 25
2.3 表单及表单元素 …… 26
2.3.1 表单的定义 …… 26
2.3.2 表单控件 …… 26
2.4 框架标记的应用 …… 30
2.4.1 框架集 …… 30
2.4.2 子窗口<frame>标记的设定 …… 31
2.5 实例 1：静态网页的编辑 …… 32
2.5.1 学习目标 …… 32
2.5.2 实例介绍 …… 32
2.5.3 实施过程 …… 32
2.5.4 实例拓展 …… 34
2.6 实例 2：客户留言信息表单编辑 …… 35
2.6.1 学习目标 …… 35
2.6.2 实例介绍 …… 35
2.6.3 实施过程 …… 35
2.6.4 实例拓展 …… 36
2.7 实例 3：框架编辑 HTML 页面 …… 37
2.7.1 学习目标 …… 37
2.7.2 实例介绍 …… 37
2.7.3 实施过程 …… 37
2.7.4 实例拓展 …… 38
2.8 习题 …… 38
第 3 章 CSS+DIV 应用 …… 40
3.1 CSS 简介 …… 40
3.2 CSS 的使用 …… 40
3.2.1 样式表的规则 …… 40
3.2.2 选择符的分类 …… 41
3.2.3 添加 CSS 的方法 …… 42
3.2.4 CSS 的继承与冲突 …… 45
3.2.5 CSS 的注意事项 …… 45
3.3 字体、颜色、背景与文字属性 …… 46
3.3.1 设置 CSS 的字体属性 …… 46
3.3.2 颜色及背景属性 …… 48
3.3.3 文本属性 …… 50
3.4 边距、填充与边框属性 …… 53

3.4.1 边距与填充属性 …… 53
3.4.2 边框属性 …… 54
3.5 列表属性 …… 58
3.6 CSS 布局基础 …… 59
3.6.1 盒模型 …… 59
3.6.2 CSS 布局元素类型 …… 61
3.6.3 定位及尺寸属性 …… 61
3.7 常用布局结构 …… 62
3.7.1 单行单列结构 …… 62
3.7.2 二列布局结构 …… 63
3.8 实例：DIV+CSS 布局网站 …… 68
3.8.1 学习目标 …… 68
3.8.2 实例介绍 …… 69
3.8.3 实施过程 …… 69
3.8.4 实例拓展 …… 73
3.9 习题 …… 75
第 4 章 JavaScript 语言基础 …… 76
4.1 关键字和标识符 …… 76
4.1.1 关键字 …… 76
4.1.2 标识符 …… 76
4.2 数据类型 …… 76
4.2.1 数值型 …… 77
4.2.2 字符串型 …… 78
4.2.3 布尔型 …… 78
4.2.4 特殊数据类型 …… 79
4.3 常量与变量 …… 80
4.3.1 常量的定义 …… 80
4.3.2 变量的定义与命名 …… 80
4.3.3 变量的声明与赋值 …… 81
4.3.4 变量的作用域 …… 82
4.4 表达式与运算符 …… 82
4.4.1 表达式 …… 82
4.4.2 运算符 …… 83
4.5 基本语句 …… 88
4.5.1 注释语句 …… 88
4.5.2 赋值语句 …… 88
4.5.3 流程控制语句 …… 89
4.6 实例：JavaScript 语言基础 …… 92
4.6.1 学习目标 …… 92

4.6.2 实例介绍 93
4.6.3 实施过程 93
4.6.4 实例拓展 93
4.7 习题 94
第5章 函数及其应用 96
5.1 函数的定义 96
5.2 函数的调用 97
5.2.1 函数的简单调用 97
5.2.2 在事件响应中调用函数 98
5.2.3 通过链接调用函数 99
5.3 使用函数返回值 100
5.4 函数的嵌套 101
5.5 内置函数 101
5.6 实例：函数的定义与调用 103
5.6.1 学习目标 103
5.6.2 实例介绍 103
5.6.3 实施过程 104
5.6.4 实例拓展 105
5.7 习题 106
第6章 常用内置对象 107
6.1 数组对象 107
6.1.1 新建数组 107
6.1.2 引用数组元素 107
6.1.3 动态数组 108
6.1.4 数组对象的常用属性与方法 108
6.1.5 二维数组 109
6.2 字串对象 110
6.2.1 使用字串对象 110
6.2.2 字串相加 111
6.2.3 在字串中使用单引号、双引号及其他特殊字符 111
6.2.4 比较字串是否相等 112
6.2.5 字串对象的属性与方法 112
6.2.6 字串对象应用实例 113
6.3 数学对象 114
6.3.1 使用数学对象 114
6.3.2 数学对象的属性与方法 115
6.3.3 数字的格式化与产生随机数 116
6.3.4 数学对象应用实例 117
6.4 日期对象 118

6.4.1 新建日期 …… 118
6.4.2 日期对象的属性与方法 …… 118
6.4.3 日期对象应用实例 …… 120
6.5 实例：使用二维数组实现下拉框的级联 …… 121
6.5.1 学习目标 …… 121
6.5.2 实例介绍 …… 121
6.5.3 实施过程 …… 122
6.5.4 实例拓展 …… 124
6.6 习题 …… 125
第 7 章 常用文档对象 …… 126
7.1 文档对象结构 …… 126
7.1.1 文档对象模型 …… 126
7.1.2 文档对象的节点树 …… 127
7.1.3 得到文档对象中元素对象的一般方法 …… 129
7.2 文档对象 …… 130
7.2.1 文档对象的属性和方法 …… 130
7.2.2 文档对象的 cookie 属性 …… 132
7.2.3 表单及其控件元素对象 …… 133
7.3 实例：飘动的广告 …… 138
7.3.1 学习目标 …… 138
7.3.2 实例介绍 …… 138
7.3.3 实施过程 …… 138
7.3.4 实例拓展 …… 139
7.4 习题 …… 140
第 8 章 常用窗口对象 …… 142
8.1 屏幕对象 …… 142
8.2 浏览器信息对象 …… 143
8.3 窗口对象 …… 144
8.3.1 窗口对象的常用属性和方法 …… 144
8.3.2 多窗口控制 …… 145
8.3.3 输入/输出信息 …… 148
8.4 网址对象 …… 149
8.4.1 网址对象的常用属性和方法 …… 149
8.4.2 网址对象的应用实例 …… 150
8.5 历史记录对象 …… 150
8.6 框架对象 …… 151
8.6.1 框架对象的常用属性和方法 …… 151
8.6.2 框架对象的应用实例 …… 151
8.7 实例：窗口对象的控制 …… 157

8.7.1 学习目标……157
8.7.2 实例介绍……157
8.7.3 实施过程……158
8.7.4 实例拓展……160
8.8 习题……160
第 9 章 事件处理……161
9.1 事件的基本概念……161
9.1.1 什么是事件……161
9.1.2 事件处理程序的调用……161
9.1.3 JavaScript 的常用事件……163
9.2 表单元素相关的事件处理程序……167
9.2.1 文本框对象相关事件……167
9.2.2 命令按钮对象相关事件……170
9.2.3 复选框对象相关事件……172
9.2.4 单选按钮对象相关事件……174
9.2.5 下拉列表框对象相关事件……176
9.3 实例：表单验证……178
9.3.1 学习目标……178
9.3.2 实例介绍……178
9.3.3 实施过程……179
9.3.4 实例拓展……180
9.4 习题……181
第 10 章 DOM 高级编程……182
10.1 DOM 对象意义……182
10.2 DOM 对象节点类型……182
10.2.1 元素节点……182
10.2.2 属性节点……182
10.2.3 文本节点……182
10.2.4 注释节点……183
10.2.5 文档节点……183
10.3 DOM 对象节点及其属性的访问……184
10.3.1 访问父节点……184
10.3.2 访问子节点……185
10.3.3 访问兄弟节点……185
10.4 DOM 对象节点的创建与修改……187
10.4.1 创建节点……188
10.4.2 添加节点……189
10.4.3 删除节点……191
10.4.4 替换节点……191

10.4.5 复制节点 …… 192
10.5 DOM 节点对象的事件处理 …… 192
10.6 实例：表格美化的设计 …… 196
10.6.1 学习目标 …… 196
10.6.2 实例介绍 …… 196
10.6.3 实施过程 …… 197
10.6.4 实例拓展 …… 200
10.7 习题 …… 201
第 11 章 JavaScript 综合应用实例 …… 203
11.1 综合实例 1：下拉菜单的设计 …… 203
11.1.1 学习目标 …… 203
11.1.2 实例介绍 …… 203
11.1.3 实施过程 …… 204
11.1.4 实例拓展 …… 208
11.2 综合实例 2：JavaScript 在线测试系统设计 …… 208
11.2.1 学习目标 …… 208
11.2.2 实例介绍 …… 209
11.2.3 实施过程 …… 209
11.2.4 实例拓展 …… 211
11.3 综合实例 3：JavaScript 在线脚本编辑器设计 …… 212
11.3.1 学习目标 …… 212
11.3.2 实例介绍 …… 212
11.3.3 实施过程 …… 213
11.3.4 实例拓展 …… 214
参考文献 …… 216

第1章　JavaScript概述

1.1　JavaScript简述

1.1.1　JavaScript的简介

JavaScript 是 Web 页面中的一种脚本编程语言，也是一种通用的、跨平台的、基于对象和事件驱动并具有安全性的脚本语言。它不需要进行编译，而是直接嵌入到 HTML 页面中，把静态页面转变成支持用户交互并响应事件的动态页面。

1.1.2　JavaScript的主要特点

JavaScript语言的基本特点如下。

（1）解释型脚本语言

像其他脚本语言一样，JavaScript 同样也是一种解释性语言，它采用小程序段的方式实现编程，提供了一个简易的开发过程。它的基本结构形式与 C、C++、VB、Delphi 十分相似。但它不像这些语言一样，需要先编译，而是在程序运行过程中被逐行解释。它与 HTML 标记结合在一起，从而方便用户使用操作。

（2）基于对象的语言

JavaScript 是一种基于对象的语言，也可以看做一种面向对象的语言。这意味着它能运用自己已经创建的对象。因此，许多功能可以来自于脚本环境中对象的方法与脚本相互作用。

（3）简单性

JavaScript 的简单性主要体现在：首先，它是一种基于 Java 基本语句和控制流之上简单而紧凑的设计，从而对于学习 Java 是一种非常好的过渡；其次，它的变量类型是采用弱类型，并未使用严格的数据类型。

（4）安全性

JavaScript 是一种安全性语言，它不允许访问本地硬盘，也不能将数据存入服务器，不允许对网络文档进行修改和删除，只能通过浏览器实现信息浏览或动态交互，从而能有效地防止数据的丢失。

（5）动态性

JavaScript 是动态的，它可以直接对用户或客户输入做出响应，无需经过 Web 服务程序。它对用户的响应，是采用事件驱动的方式进行的。所谓事件，就是指在主页（homepage）中执行了某种操作所产生的动作，例如按下鼠标、移动窗口、选择菜单等都可以视为事件。当事件发生后，可能会引起相应的事件响应，即事件驱动。

(6）跨平台性

JavaScript 依赖于浏览器本身，与操作系统环境无关，只要操作系统能运行浏览器并且浏览器支持 JavaScript，就可以正确执行。

1.1.3 JavaScript 相关应用

JavaScript 的功能十分强大，可实现多种任务，如执行计算、检查表单、编写游戏、添加特殊效果、自定义图形选择、创建安全密码等，所有这些功能都有助于增强站点的动态效果和交互性。下面介绍几种常见的 JavaScript 应用。

（1）验证数据

通过使用 JavaScript，可以创建动态 HTML 页面，以便用特殊对象、文件和相关数据库来处理用户输入和维护永久性数据。通常，向某个网站注册时必须填写一份表单，输入各种详细信息。如果某个字段输入有误，向 Web 服务器提交表单前，经客户端验证发现错误，屏幕上就会弹出警告信息。这可以通过编写代码来实现。JavaScript 中的“警告”对话框（如图 1-1 所示）可以很有效地实现这一目的。

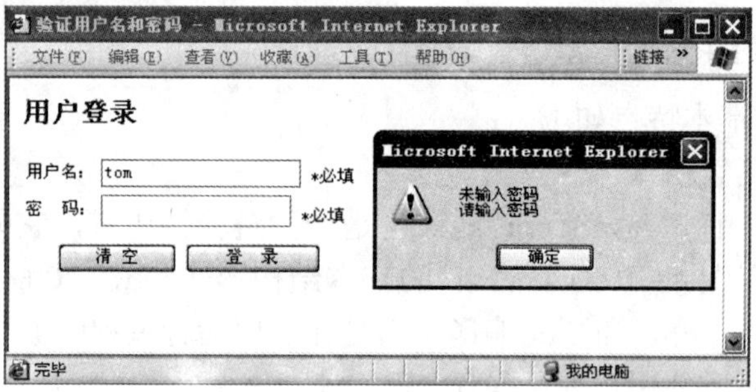

图 1-1　JavaScript 数据验证提示

（2）动画效果

浏览网页时，经常会看到一些动画效果，这些动画效果使网页显得更加生动。使用 JavaScript 脚本语言也可以实现这些动画效果，如图 1-2 所示为几幅图片的遮罩动画效果。

图 1-2　图片的遮罩动画效果

（3）窗口的应用

在打开网页时经常会看到一些漂浮的广告窗口。这些窗口可以通过 JavaScript 语言来实现，如图 1-3 所示为漂浮的广告窗口。

（4）结合 Flash 实现综合效果

在企事业单位的网站上，例如企业业绩展示、产品展示、新品推荐、企业动态等栏目都会采用图片展示幻灯片 Flash 切换效果，如图 1-4 所示为图片展示幻灯片 Flash 切换效果。

图 1-3　网页中的飘浮广告窗口

图 1-4　图片展示幻灯片 Flash 切换效果

1.2　JavaScript 的使用方法与工作原理

1.2.1　JavaScript 的使用方法

将 JavaScript 语句插入到 HTML 文档中有两种方法。

- 使用<script>标记将 JavaScript 语句直接嵌入文档。
- 将 JavaScript 源文件链接到 HTML 文档。

（1）使用 JavaScript 的<script></script>标记

通常，JavaScript 代码是使用<script>标记嵌入 HTML 文档中的。可以将多个脚本嵌入到一个文档中，只要将每个脚本都封装在<script>标记中。浏览器在遇到<script>标记时，将逐行读取内容，直到</script>结束标记。然后，浏览器将检查 JavaScript 语句的语法。如有任何错误，就会在警告框中显示；如果没有错误，则浏览器将编译并执行语句。

<script>标记的格式如下：

```
<script language="javascript">
     <!--
          JavaScript 语句;
     //-->
</script>
```

language 属性用于指定编写脚本使用哪一种脚本语言，脚本语言是浏览器用于解释脚本的语言，通过该属性还可以指定使用脚本语言的版本。

<!--语句//-->是注释标记，这些标记用于告知不支持 JavaScript 的浏览器忽略标记中包含的语句，<!-- 表示开始注释标记，而-->则表示结束注释标记。这些标记是可选的，但最好

在脚本中使用这些标记，目前大多数的浏览器支持 JavaScript，但使用注释标记可以确保不支持 JavaScript 的浏览器会忽略嵌入到 HTML 文档中的 JavaScript 语句。

JavaScript 的语句有以下几种规则。

- JavaScript 语句必须以分号（;）结束。
- 大小写敏感。JavaScript 区分大小写，编写 JavaScript 脚本时应正确处理大小写字母。
- 使用成对的符号。在 JavaScript 脚本中，开始符号和结束符号是成对出现的，遗漏或放错了成对符号是一个较为常见的错误。
- 使用空格。与 HTML 一样，JavaScript 会忽略多余的空白区域。在 JavaScript 脚本中，可以添加额外的空格或制表符以使脚本文本文件易于阅读和编辑。
- 使用注释。用户可以在注释行记录脚本的功能、创建时间和创建者。JavaScript 中的注释行用双斜线（//）开始。

【示例 1-1】 欢迎来到 JavaScript 世界，代码如下：

```
<html>
    <head>
        <title>欢迎来到 JavaScript 世界!</title>
    </head>
    <body>
        <script language="javascript">
          //JavaScript 代码
          document.write("欢迎来到 JavaScript 世界");
        </script>
    </body>
</html>
```

运行代码，网页如图 1-5 所示。

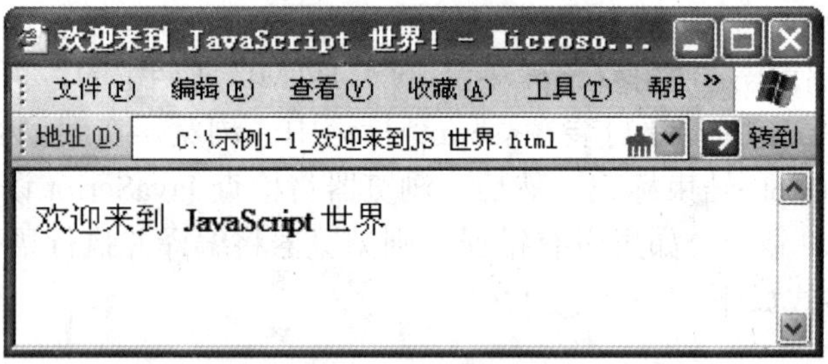

图 1-5 使用<script>标记

注意：代码中的 document.write("字符串")用于动态显示网页上的信息。

提示：脚本注释结束标记前的双斜线（//）是 JavaScript 中的注释。

HTML 网页中浏览器从标记<html>开始，顺序往下解释执行，所以上述 JavaScript 语句将在网页加载时顺序解释执行，document.write( )方法表示从页面输出显示信息。

理论上，可以将 JavaScript 语句放置在 HTML 文档中的任何位置。然而，将核心脚本语句放置在标题部分是一个良好的编程习惯。因为这确保了所有 JavaScript 代码在从 body 部分调用之前被阅读和执行。

（2）使用外部 JS 文件

通常，JavaScript 语句都是嵌入在 HTML 文档中的。当脚本比较复杂，代码过多时，可以把 JavaScript 代码放入一个单独的文件（*.js），然后将此外部文件链接到一个 HTML 文档即可。<script>标记的 src（源）属性可用于包含外部文件。在指定源文件时，可以在 src 属性中使用绝对路径名或相对路径名。

```
<script language="javascript" src="filename.js"></script>
```

【示例 1-2】 创建两个文件，第一个文件“调用外部 js.html”是 HTML 文件，第二个文件“jstest.js”是只包含 JavaScript 代码的文档文件。将文件“jstest.js”链接到 HTML 文档文件中。其中“调用外部 js.html”代码如下：

```
<html>
    <head>
        <title>欢迎来到 JavaScript 世界!</title>
    </head>
    <body>
        <script language="javascript" src="jstest.js"></script>
    </body>
</html>
```

JavaScript 源文件 jstest.js 中的代码如下：

```
document.write("欢迎来到 JavaScript 世界");
```

在浏览器中的输出显示结果与图 1-5 完全相同。

这个示例，演示了 JavaScript 链接外部 JS 文件的功能。链接文件的主要好处是可以在多个 HTML 文档之间共享函数。这种情况下可以创建一个包含公共函数的“.js 文件”，然后将此文件链接到所需的文档中。如果要加入新的函数或修改一个函数，则只需要在一个文件中进行所需的修改，而不用对多个 HTML 文档进行更改。

注意：外部文件是包含 JavaScript 代码的文本文件，其文件名带有“.js”扩展名。代码文件只能包含 JavaScript 语句，不能将 HTML 标记添加到外部 JavaScript 文件中。

1.2.2 JavaScript 的工作原理

在脚本执行的过程中，浏览器客户端与应用服务器采用请求/响应模式进行交互。JavaScript 的脚本执行原理如图 1-6 所示。

具体执行过程分解如下。

第一步：浏览器接收用户的请求；一个用户在浏览器的地址栏中输入要访问的页面（这个页面中包含 JavaScript 脚本程序）。

第二步：向 Web 服务器请求某个包含 JavaScript 脚本的页面，浏览器把请求信息（要打开的页面信息）发送到应用服务器端，等待服务器端的响应。

第三步：Web 服务器端向浏览器端发送响应信息，即把含有 JavaScript 脚本的 HTML 文件发送到浏览器客户端，然后由浏览器从上至下逐条解析 HTML 标记和 JavaScript 脚本，并显示页面效果给用户。

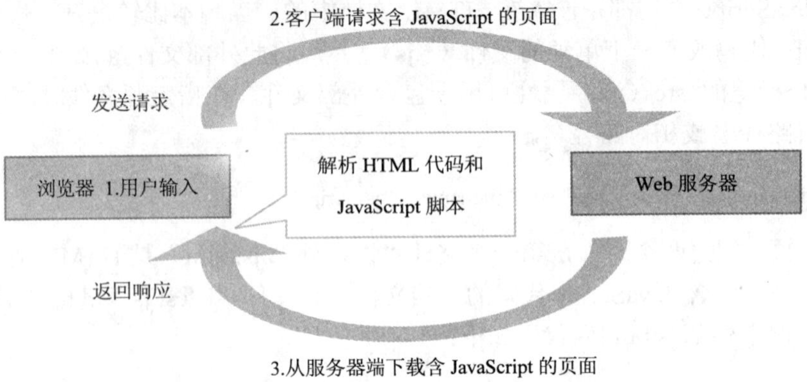

图 1-6　JavaScript 脚本执行原理

使用客户端脚本的好处有以下两点。第一，含有 JavaScript 脚本的页面只要下载一次即可，从而能够减少不必要的网络通信；第二，脚本程序是由浏览器客户端执行，而不是由服务器端执行的，因此能够减轻服务器端的压力。

1.3　编写 JavaScript 的工具

编写 JavaScript 脚本的工具有多种，主要包括记事本、Dreamweaver、UltraEdit、Editplus、Visual Studio 系列开发工具等。下面介绍几种 JavaScript 脚本的编辑方式。

1.3.1　使用记事本编辑 JavaScript 程序

记事本是编写 JavaScript 代码的最简单的工具，它可以进行一些简单的文字处理和 JavaScript 代码的局部修改。虽然记事本使用简单，但如果要使用它编辑一些复杂的 JavaScript 代码，则需要熟练掌握 JavaScript 的语法、对象等。

【示例 1-3】 使用记事本编写 JavaScript 程序。

具体步骤如下：

1）单击“开始”菜单，选择“程序”→“附件”→“记事本”命令，打开记事本程序。

2）在记事本中输入 HTML 与 JavaScript 代码，具体代码如下：

```
<html>
    <head>
        <title>Hello JavaScript!</title>
    </head>
    <body>
        <script language="javascript">
            window.alert("Hello JavaScript!");
        </script>
    </body>
```

</html>

3）编辑完成后，选择“文件”→“保存”命令，弹出“另存为”对话框。在对话框中选择保存位置，将文件名设置为“示例 1-3_HelloJavaScript.html”（注意将其保存为.html 格式或.htm 格式），保存类型为“所有文件”，单击“保存”按钮，运行结果如图 1-7 所示。

图 1-7　使用记事本编写的 JavaScript 程序

说明：使用记事本开发 JavaScript 程序也存在缺点，即整个编写过程要求开发者完全手工输入程序代码，这就影响了程序的开发速度。所以，在条件允许的情况下，最好不要只选择记事本一种工具来开发 JavaScript 程序。

1.3.2　使用 Dreamweaver 编辑 JavaScript 程序

Dreamweaver 是 Adobe 公司开发用来建立 Web 站点和应用程序的专业工具。该工具可以将可视化应用程序开发与代码组合在一起，并且内置了一些 JavaScript 小程序。

下面介绍使用 Dreamweaver 编写 Javascript 程序的具体步骤。

1）安装 Dreamweaver 后，选择“开始”→“程序”→“Adobe Dreamweaver CS5”命令启动软件。首先打开“工作区设置”对话框，选择“设计者”或“代码编辑者”。

2）执行菜单“文件”→“新建”，打开“新建文档”对话框，“空白页”选项已被选定。从“页面类型”列表中选择类型，这里选择“HTML”，如图 1-8 所示。

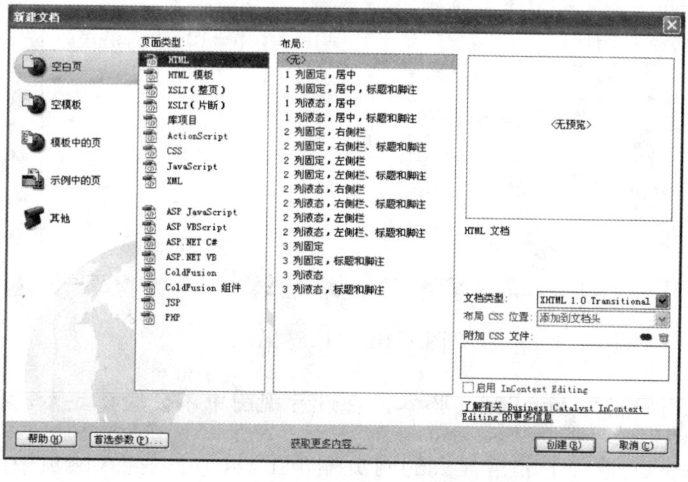

图 1-8　“新建文档”对话框

3）单击“创建”按钮，即可创建以 JavaScript 为主脚本语言的文件。

如果用户选择了“JavaScript”选项，则创建一个 JavaScript 文档。在创建 JavaScript 脚本的外部文件时，不需要使用<script>标记，但文件的扩展名必须是.js。调用外部文件可以使用<script>的 src 属性。

4）在创建后的 HTML 页面中，Dreamweaver 主要有 3 种视图：代码视图、拆分视图、设计视图。在代码视图中可以编写程序代码，如图 1-9 所示；在拆分视图中，同时编辑设计视图与代码视图中的内容，如图 1-10 所示；在设计视图中可在页面中插入 HTML 元素，进行页面布局和设计。

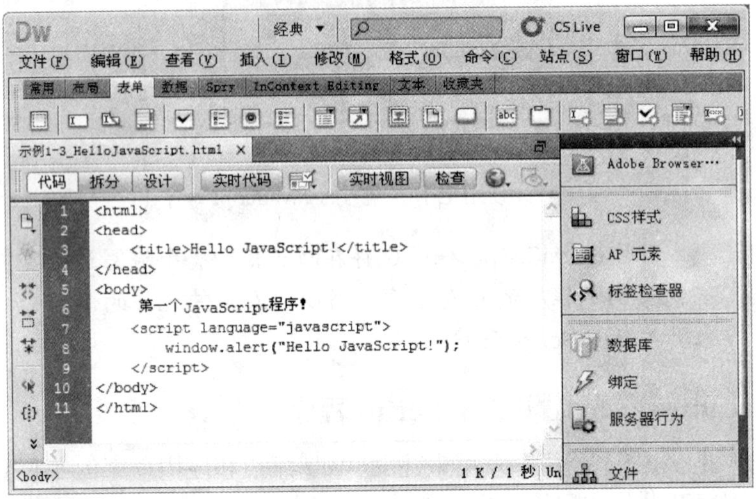

图 1-9　代码视图

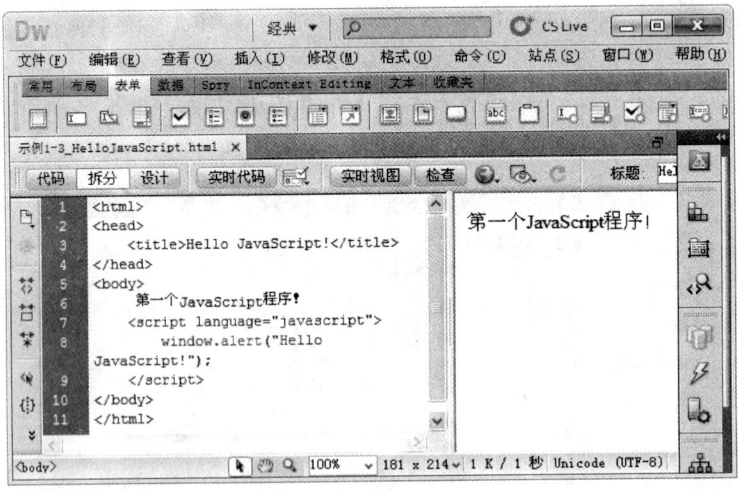

图 1-10　拆分视图

注意：代码视图中编辑 JavaScript 脚本，在设计视图中不会输出显示，也没有任何标记。

此外 Dreamweaver 是一个非常强大的网页编辑工具，可以插入网页中的各种元素，并自动生成 HTML 代码，同时通过设计视图中的属性设置可以修改元素属性。在页面中，允许多个表格的嵌套；可以插入图像、Flash 等，也可以插入表单元素，如文本框、列表、复选框、按钮等。

5）设计页面或者代码编辑完成后，保存该文件到指定目录下，文件的扩展名为.html或.htm。

1.4 JavaScript 程序编写、运行与调试

下面用【示例 1-4】演示 JavaScript 程序的编写、运行与调试的全过程。

1.4.1 编写 JavaScript 代码

【示例 1-4】 JavaScript 程序的编写、运行与调试。

具体步骤如下：

1）启动 Dreamweaver 编辑器，执行“文件”→“新建”命令，打开“新建文档”对话框。选择“页面类型”列表中的“HTML”选项，单击“创建”按钮，即可成功创建一个 HTML 页面。执行“文件”→“另存为”命令，保存文件名为“示例 1-4.html”。

2）在 HTML 中嵌入 JavaScript 脚本需置于<script language="javascript"></script>之间。在<body>标记中输入如下代码：

```
<script language="javascript">
      document.write("欢迎来到 JavaScript 世界");
      prompt("请输入你的年龄",20);
</script>
```

在 Dreamweaver 中输入 JavaScript 脚本程序的结果如图 1-11 所示。

1.4.2 运行 JavaScript 程序

运行用 JavaScript 编辑的程序需要能支持 JavaScript 语言的浏览器。现在使用的浏览器基本都能支持 JavaScript 程序。

双击保存好的“示例 1-4.html”文件，在浏览器中输出运行结果，如图 1-12 所示。

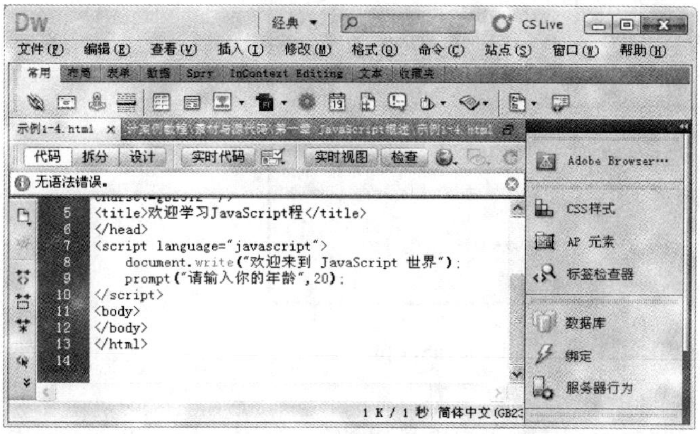

图 1-11 在 Dreamweaver 中输入 JavaScript 脚本程序

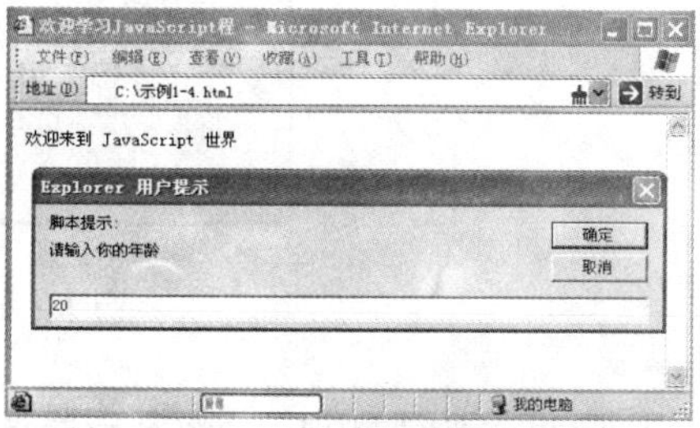

图 1-12 运行 JavaScript 程序

1.4.3 调试 JavaScript 程序

程序出错的类型分为语法错误和逻辑错误两种。

（1）语法错误

语法错误是在程序开发中使用不符合某种语言规则的语句，从而产生的错误。例如错误地使用了 JavaScript 的关键字，错误地定义了变量名称等，当浏览器运行 JavaScript 程序时就会报错。

例如将“示例 1-4.html”中代码“document.write("欢迎来到 JavaScript 世界");”中的英文分号“;”误写成中文分号“；”，在 Dreamweaver 中就会提示错误（第 7 行中包含一个语法错误。在解决此错误之前，代码提示可能无法正常工作。），如图 1-13 所示。

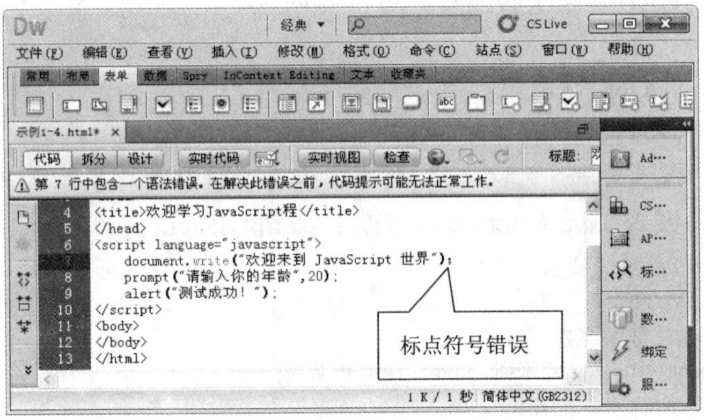

图 1-13　语法错误实时检测

如果将代码“prompt("请输入你的年龄",20);”中的第一个字母由小写改为大写。即 Prompt("请输入你的年龄",20)；

保存文件后，在此浏览器中运行，程序就会出错，将会弹出如图 1-14 所示的错误。

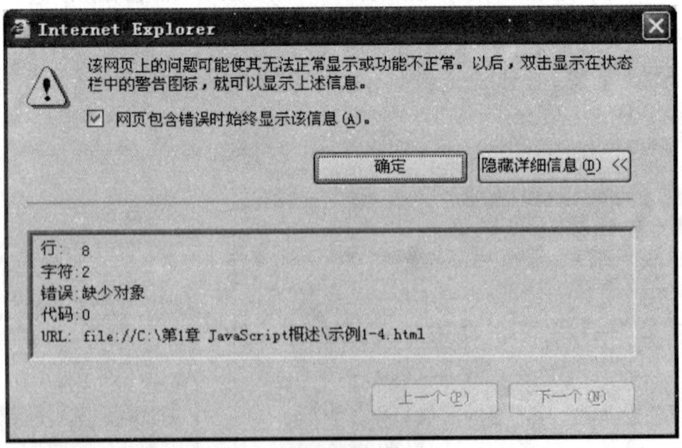

图 1-14　在 IE 浏览器中调试 JavaScript

说明：要使用 IE 浏览器的错误代码提示，需要在浏览器中执行“工具”→“Internet 选项”命令，打开“Internet 选项”对话框，然后选择“高级”选项卡，选择“显示每个脚本错误通知”复选框。

（2）逻辑错误

有时候，程序不存在语法错误，也没有执行非法操作的语句，可是程序运行时的结果却是不正确的，这种错误叫做逻辑错误。逻辑错误对于编辑器来讲并不算错误，而是由于代码中存在逻辑问题，导致运行时没有得到预期结果。逻辑错误在语法上是不存在错误的，但是程序的功能上存在问题，而且是最难调试和发现的问题。因为它们不会抛出任何错误的信息，唯一结果就是程序功能不能实现。

例如想判断一个人的名字是不是叫“Bill”，但编写程序时却少写了一个“l”，变成了“Bil”，在运行时就会发生逻辑错误。

更隐蔽的逻辑错误的例子还有很多，例如变量由于忘记初始化而包含垃圾数据，忘记判断结束条件或结束条件不正确使得循环提前或延后结束，甚至成为死循环等。

【示例 1-5】 逻辑错误判断，输入以下代码：

```
<script language="javascript">
    document.write("求长方形的周长");
    var width,height,C;
    width=prompt("长方形的宽（单位为 m）",10);
    height=prompt("长方形的高（单位为 m）",20);
    C=2(width+height);
    alert("长方形的周长为"+C);
</script>
```

以上代码中，最直接的逻辑错误是“2(width+height)”，在编程过程中乘号不可忽略。所以代码修改为

```
C=2*(width+height);
```

测试代码，默认宽为 10m，高为 20m，得到的结果如图 1-15 所示。

图 1-15 测试结果

虽然用户输入的是数字 10 和 20，但 prompt( )返回的是输入的字符串，也就是"10"和"20"，所以语句 C=2*(width+height)中变量 width 和 height 都是字符串类型。上述语句相当于 C=2*("10"+"20")，所以出现了“2040”的结果。

所以输入的参数需要通过 parseInt( )函数转换为整型数。此时代码为：

```
C=2*(parseInt(width)+ parseInt(height));
```

再次运行代码，得到正确结果为 60。

1.5 实例：JavaScript 基本操作

1.5.1 学习目标

1）熟练掌握使用 Dreamweaver 软件在 HTML 文件中编写 JavaScript 程序的基本操作。

2）掌握在 IE 浏览器中测试 JavaScript 程序的基本操作。

1.5.2 实例介绍

参考【示例 1-5】，编写一个 JavaScript 程序，求解长方形的面积，并在页面中显示结果。

1.5.3 实施过程

1）使用 Dreamweaver 软件创建 HTML 页面，保存页面，命名为“JavaScript 实例 1.html”。

2）在<body></body>标记之间编写如下代码，实现长方形的面积。

```
<script language="javascript">
        document.write("求长方形的面积");
        var width,height,S;
        width=prompt("长方形的宽（单位为 m）",10);
        height=prompt("长方形的高（单位为 m）",20);
        S=parseInt(width)*parseInt(height);
        alert("长方形的面积为"+S);
</script>
```

3）运行程序，浏览结果，如果发现错误，可通过调试工具解决问题。

1.5.4 实例拓展

1）将“JavaScript 实例 1.html”中的 JavaScript 代码与 HTML 分离，使用<script>脚本调用外部 JS 文件。

2）以实例 1 为例，完成圆的周长与面积的求解。

1.6 习题

1）在调用外部 JavaScript 文件“test.js”时，下面写法中正确的是（　　）。

A．<script src="test.js"></script>　　B．<script file="test.js"></script>

2）JavaScript 中是否区分大小写？（　　）

A．是　　B．否

3）以下 JavaScript 语法格式正确的是（　　）。

A．alert("I like JavaScript");　　B．document.write(I like JavaScript);

C．alert("I like JavaScript")　　D．document.write(I like JavaScript)

4）对于不支持 JavaScript 的浏览器来说，以下标记中，会把编写的 JavaScript 脚本作为注释处理的是（　　）。

A．<!--　--> 标记　　B．/*　*/标记

C．‘标记　　D．///标记

5）以下选项中，属于 JavaScript 技术特性的是（　　）。

A．跨平台性　　B．解释型脚本语言

C．基于对象的语言　　D．具有以上各种功能

6）JavaScript 代码的执行是在（　　）。

A．服务器端　　B．客户端

7）JavaScript 的编写工具有（　　）。

A．记事本　　B．Dreamweaver

C．Ultra Edit　　D．任何一种文本编辑器

8）JavaScript 程序在不同的浏览器上运行时，得到的结果（　　）。

A．一定是相同的　　B．不一定是相同的

第 2 章　HTML 语言

2.1　HTML 的基本概念

2.1.1　HTML 简介

HTML 的英文全称是 Hyper Text Markup Language，直译为超文本标记语言。它是全球广域网描述网页内容和外观的标准。HTML 包含了一对打开和关闭标记，其中包含有属性和值。标记描述了每个在网页上的组件，如文本段落、表格或图像等。

事实上，HTML 是一种 Internet 上较常见的网页制作标记型语言，而并不能算做一种程序设计语言，因为它缺少程序设计语言所应有的特征。HTML 通过 IE、FireFox、TT 等浏览器的翻译，将网页中所要呈现的内容、排版展现在用户眼前。

2.1.2　HTML 的结构

一个完整的 HTML 文档包括标题、段落、列表、表格以及各种嵌入对象，这些对象统称为 HTML 元素。在 HTML 中使用标记来分割并描述这些元素。实际上，HTML 文档就是由各种 HTML 元素和标记组成的。

一个 HTML 文档的基本结构如下：

```
<html>                          //文件开始标记
    <head>                      //文件头开始的标记
      ……文件头的内容
      </head>                   //文件头结束的标记
      <body>                    //文件主体开始的标记
      ……文件主体的内容
      </body>                   //文件主体结束的标记
</html>                         //文件结束标记
```

从上面的代码结构可以看出，在 HTML 文档中，所有的标记都是相对应的，开头标记为< >，结束标记为</>，在这两个标记中间添加内容。

HTML 定义了 3 种标记用于描述页面的整体结构。页面结构标记不影响页面的显示效果，它们是帮助 HTML 工具对 HTML 文档进行解释和过滤的。

<html>标记：HTML 文档的第 1 个标记，它通知客户端该文档是 HTML 文档，类似地，结束标记</html>出现在 HTML 文档的尾部。

<head>标记：出现在文档的起始部分，标明文档的头部信息，一般包括标题和主题信息，其结束标记</head>指明文档标题部分的结束。

<body>标记：用来指明文档的主体区域，该部分通常包括其他字符串，如标题、段落、列表等。读者可以把 HTML 文档的主体区域简单地理解成标题以外的所有部分，其结束标记</body>指明主体区域的结尾。

有了标记作为文件的主干后，HTML 文档中便可添加属性、数值、嵌套结构等各种类型的内容了。

2.1.3 HTML 的标记

既然 HTML 是超文本标记语言，那么可以想象其构成主要是通过各种标记来标示和排列各对象，通常由尖括号“<”“>”以及其中所包容的标记元素组成。例如，<head>与</head>就是一对标记，称为文件的头部标记，用来记录文档的标题信息。

标记常用的形式有以下几种。

1）单标记。某些标记称为“单标记”，因为它们只需要单独使用就能表达意思，这类标记的语法是：

```
<标记名称>
```

最常用的单标记是
，它表示换行。

2）双标记。它由“始标记”和“尾标记”两部分构成，必须成对使用。其中始标记告诉 Web 浏览器从此处开始执行该标记所表示的功能，而尾标记告诉 Web 浏览器在这里结束该功能。始标记前加一斜杠“/”即称为尾标记。这类标记的语法是：

```
<标记名称>内容</标记名称>
```

其中，“内容”就是要被这对标记施加作用的部分。如果想突出显示某段文字，可将此段文字放在<strong >和</strong>标记中，如：

```
<strong>第一</strong >
```

可使“第一”两字显示为加粗字形，达到突出显示的效果。

3）标记属性。许多单标记和双标记的始标记内可以包含一些属性，其语法是：

```
<标记名称  属性 1=属性值 1  属性 2=属性值 2   属性 3=属性值 3……>
```

各属性之间无先后顺序，属性也可以省略（即默认值）。

例如，单标记<hr>表示在文档当前位置画一条水平分割线（horizontal rule），一般是从窗口当前行的最左端一直到最右端。

```
<hr color="#FF0000" size="1">
```

其中，color 属性表示水平线的颜色，size 表示水平线的粗细。

<body>包含属性的标记如下：

```
<body bgcolor="#000000" leftmargin="0" topmargin="0" >
```

其中，bgcolor 属性表示背景颜色，leftmargin 和 topmargin 分别表示左边距和上边距。

2.2 HTML 文档常用标记

2.2.1 <head>标记

<head>标记用来封装其他位于文档头部的标记。把该标记放在文档的开始处，紧跟在<html>标记后面，并处于<body>标记或<frameset>标记之前。不论是<head>标记还是相应的结束标记</head>，都可以清楚地被浏览器推断出来。<head>标记中包含文档的标题、文档使用的脚本、样式定义和文档名信息。并不是所有浏览器都有这个标记，但大多数浏览器都希望在<head>标记中找到关于文档的附加信息。此外，<head>标记还可以包含搜索工具和索引所要的其他信息的标记。

head 区是指首页 HTML 代码的<head>和</head>之间的内容，是必须加入的标记。

1）注释。

```
<!--版权所有：淮安市维达科技有限公司-->
```

2）网页显示字符集。

简体中文：`<meta http-equiv="Content-Type" content="text/html; charset=gb_2312" />`

繁体中文：`<meta http-equiv="Content-Type" content="text/html;charset=BIG5">`

英语：`<meta http-equiv="Content-Type" content="text/html;charset=iso-8859-1">`

3）网页制作者信息。

```
<meta name="author" content="张三">
```

4）网站简介。

```
<meta name="description" content="电子屏幕制作专家">
```

5）搜索关键字。

```
<meta name="keywords" content="LED，字幕屏，控制卡">
```

6）网页的 css 规范。

```
<link href="style/style.css" rel="stylesheet" type="text/css">
```

7）网页标题。

```
<title>欢迎访问淮安市维达科技有限公司！</title>
```

8）自动跳转。

```
<meta http-equiv="refresh" content="2;url=http://www.baidu.com">
```

9）调用外部 JavaScript。

```
<script language="javascript" src="menu.js"></scirpt >
```

2.2.2 <body>标记

<body>标记界定了文档的主体。<body>标记和其结束标记</body>之间的所有部分都称为主体内容，如文字、图片、链接、表格、表单等。<body>标记有很多自身的属性，如定义页面文字的颜色、背景的颜色、背景图片等，如表 2-1 所示。

表 2-1　<body>标记的属性及说明

属　性	描　述
text	设置页面文字颜色
bgcolor	设置页面的背景颜色
link	设置页面默认超链接的颜色
alink	设置鼠标单击时超链接的颜色
vlink	设置访问过的超链接的颜色
background	设置页面的背景图片
bgproperties	设置页面背景图片为固定，不随页面滚动，默认为滚动，fixed 为不滚动
topmargin	设置页面上边距
leftmargin	设置页面左边距
bottommargin	设置页面下边距
rightmargin	设置页面右边距

2.2.3　文字段落相关标记

常用的文字与段落标记有以下几种。

1．标题标记<hn>

通常，文章都有标题、副标题、章和节等结构，HTML 中也提供了相应的标题标记<hn>，其中 n 为标题的等级，HTML 共提供 6 个等级的标题，n 越小，标题字号就越大，下面列出一级、二级、三级和四级标题：

<h1>……</h1>　　第一级标题

<h2>……</h2>　　第二级标题

<h3>……</h3>　　第三级标题

<h4>……</h4>　　第四级标题

**2．换行标记
**

在编写 HTML 文档时，不必考虑太细致的设置，也不必理会段落过长的部分是否会被浏览器切掉。因为，在 HTML 语言规范里，每当浏览器窗口被缩小时，浏览器会自动将右边的文字转折至下一行。但是，编写者要想自己换行，应在需要换行的地方加上
标记。

3．段落标记<p>

为了排列的整齐、清晰，在文字段落之间常用<p></p>来做标记。文档段落的开始由<p>来标记，段落的结束由</p>来结束标记。</p>是可以省略的，因为下一个<p>的开始就意味着上一个<p>的结束。

<p>标记还有一个属性 align，它是用来指明字符显示时的对齐方式，属性值由 left、center、right 3 种，即左对齐、居中对齐和右对齐，<p>标记的属性如表 2-2 所示。

表 2-2　<p>标记的属性及说明

属　性	说　明
id	文档的识别标识
class	文本的样式控制类
dir	文字方向
title	标题
style	行内样式信息
align	段落对齐方式

4．文字的字体和样式

HTML 提供了定义字体的功能，用 face 属性来完成此功能。face 的属性值可以是本机上的任意字体类型，但要注意的是，只有对方的计算机中装有相同的字体才可以在浏览器中正常显示。设置 face 属性的方法是：<font face= "字体名称">。<font>标记的属性如表 2-3 所示。

表 2-3　<font>标记的属性及说明

属　性	说　明
color	字体颜色
face	字体名称
size	字体大小

为了让文字富有变化，或者为了着重强调某一部分，HTML 提供了一些标记来实现这些效果，表 2-4 列出了常用的标记。

表 2-4　font 相关标记及说明

属　性	说　明	示　例
<B>……</B>	粗体	**HTML 文本示例**
<I>……</I>	斜体	*HTML 文本示例*
<U>……</U>	加下画线	HTML 文本示例
<EM>……</EM>	表示强调，一般为斜体	*HTML 文本示例*
<strong>……</strong >	表示强调，一般为粗体	**HTML 文本示例**

5．水平分隔线标记<hr>

<hr>标记是单独使用的标记，是水平线标记，用于段落与段落之间的分隔，使文档结构清晰明了，使文字的编排更整齐。通过设置<hr>标记的属性值，可以控制水平分隔线的样式。具体属性及其说明如表 2-5 所示。

表 2-5　<hr>标记的属性及说明

属　性	参　数	功　能	单　位	默 认 值
size		设置水平分隔线的粗细	pixel（像素）	2
width		设置水平分隔线的宽度	pixel（像素）、%	100%
align	left center right	设置水平分隔线的对齐方式		center
color		设置水平分隔线的颜色		black
noshade		设置水平分隔线的 3D 阴影		

6．特殊字符

在 HTML 文档中，有些字符无法直接显示出来，如版权标志“©”。使用特殊字符可以将键盘上没有的字符表达出来，而有些 HTML 文档的特殊字符（如“<”等）在键盘上虽然可以得到，但浏览器在解析 HTML 文档时会报错，为防止代码混淆，必须用一些代码来表示它们，可以用字符代码来表示，也可以用数字代码来表示。HTML 常见特殊字符及其代码如表 2-6 所示。

表 2-6　HTML 常见特殊字符及其代码

特 殊 字 符	字 符 代 码
<	<
>	>
&	&
“	"
©	©
®	®
空格	

2.2.4　网页中插入图片标记<img>

网页中插入图片用单标记为<img>。当浏览器读取到<img>标记时，就会显示此标记所设定的图片。如果要对插入的图片进行修饰，仅用这一个属性是不够的，还要配合其他属性来完成，<img>标记属性如表 2-7 所示。

表 2-7　<img>标记属性及说明

属　　性	描　　述
src	图片的 URL 的路径
alt	提示文字
width	宽度，通常只设为图片的真实大小以免失真
height	高度，通常只设为图片的真实大小以免失真
align	图片和文字之间的对齐方式值，可以是 top、middle、bottom、left、right
border	边框
hspace	水平间距，定义图像左侧和右侧的空白
Vspace	垂直间距，定义图像顶部和底部的空白

【示例 2-1】 书法家庄辉个人介绍，使用标记进行图文混排，代码如下：

```
<html>
  <head>
    <meta http-equiv="Content-Type" content="text/html; charset=gb2312" />
    <title>书法家庄辉作品展</title>
  </head>
  <body>
    <p>
        <img src="images/logo.jpg" width="800" height="65">
    </p>
    <p align="right">个人介绍 楷书作品 行草作品 草书作品 篆书作品 国画作品 扇面作品</p>
    <hr size="1" color="#7d4203">
    <p>
        <img src="images/grjs.jpg" align="left" hspace="10" width="260" height="180">
            庄辉，号无名山人。1959 年 7 月生，籍江苏泗阳。曾插过队，当过水兵。现<br>
        为中国书法家协会会员，国家高级美术师，江苏省淮安书画院专职画师。<br>
            庄辉少年习字，涉艺三十余载。师从谢冰岩、过立人等书家。曾就读于北京<br>
        大学书艺研究班，北京荣宝斋画院高级研修班。习字前十五年主颜楷风范，兼习<br>
        碑、籀诸体，打下了较坚实的基本功。<br>
            出版有《繁难字体楷书法》、《庄辉书法作品集》等专著。
    </p>
    <hr size="1" color="#7d4203">
    <center>
        版权所有&copy;：淮安书画院书法家庄辉
    </center>
  </body>
</html>
```

页面效果如图 2-1 所示。

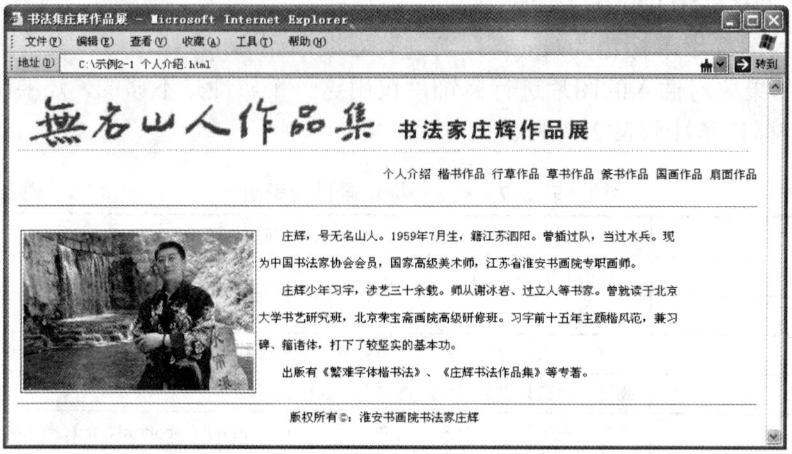

图 2-1　书法家庄辉个人简介网页

2.2.5　播放音频与视频

HTML 可以让音乐自动载入，让它出现控制面板或作为背景音乐来使用。基本语法为：

```
<embed src="音乐或视频文件地址">
```

其中各种属性如表 2-8 所示。

表 2-8　载入音乐或视频标记各属性含义

属　　性	含　　义
src="filename"	设定音乐文件路径
autostart=true/false	是否要音乐或视频文件传送完就自动播放，true 表示要，false 表示不要，默认为 false
loop=true/false	设定重复播放次数，loop=6 表示重复 6 次，true 表示无限次播放，false 表示播放一次即停止
starttime="分：秒"	设定乐曲的开始播放时间，如 20s 后播放可写为 starttime=00:20
volume=0～100	设定音量的大小，默认设置为系统的音量
width/height	设置控制面板的大小
hidden=true	隐藏控制面板
controls=console/smallconsole	设定控制面板的样式

（1）插入音乐

【示例 2-2】 实现网页中插入音乐。

核心代码如下：

```
<embed src=sound/gsls.mp3 width=300 height=100 loop="false"></embed>
```

页面效果如图 2-2 所示。

（2）插入视频

【示例 2-3】 实现网页中插入视频。

核心代码如下：

```
<embed src="movie/1.wmv" width="448" height="408"></embed>
```

页面效果如图 2-3 所示。

图 2-2　网页中的音乐应用

图 2-3　网页中的视频应用

（3）插入 Flash 动画

【示例 2-4】 实现网页中插入 Flash 动画。

核心代码如下：

```
<embed src="flash/banner.swf" width="996" height="185" loop="true"></embed>
```

页面效果如图 2-4 所示。

图 2-4　网页中的 Flash 应用

2.2.6　列表

1．无序列表<ul>

无序列表使用的一对标记是<ul></ul>。无序列表指没有进行编号的列表，每一个列表项前使用<li>。<li>的属性 type 有 3 个选项：disc 表示实心圆；circle 表示空心圆；square 表示小方块。

<ul>如果不使用其项目<li>的属性值，默认情况下的<ul>会加“实心圆”。

基本语法为：

```
<ul>
    <li type=disc>第一项
    <li type=circle>第二项
    <li type=square>第三项
</ul>
```

2．有序列表<ol>

有序列表和无序列表的使用格式基本相同，它使用标记<ol></ol>，每一个列表项前使用<li>。<ol>列表的结果是带有先后顺序之分的编号。如果插入和删除一个列表项，编号会自动调整。

顺序编号的设置是由<ol>的两个属性 type 和 start 来完成的。start=编号开始的数字，如 start=2 则编号从 2 开始，如果从 1 开始可以默认，或是在<li>标记中设定 value="n"改变列表行项目的特定编号，如<li value="7">。type=用于编号的数字、字母的类型，如 type=a，则编号用英文字母。为了使用这些属性，把它们放在<ol>或<li>的初始标记中，有序列表 type 属性的类型如表 2-9 所示。

表 2-9　有序列表 type 属性的类型及含义

type 类型	描　述
type=1	表示列表项目用数字标号（1,2,3……）
type=A	表示列表项目用大写字母标号（A,B,C……）
type=a	表示列表项目用小写字母标号（a,b,c……）
Typ= I	表示列表项目用大写罗马数字标号（ I , II ,III……）
type=i	表示列表项目用小写罗马数字标号（ i , ii ,iii……）

基本语法为：

```
<ol type=编号类型  start=value>
    <li>第一项
    <li>第二项
    <li>第三项
</ol>
```

3．嵌套列表

将一个列表嵌入到另一个列表中，作为另一个列表的一部分，称为嵌套列表。无论是有序列表的嵌套还是无序列表的嵌套，浏览器都可以自动分层排列。

【示例 2-5】 嵌套列表，代码如下：

```
<ul type=square>
    <li>图像设计软件</li>
        <ol>
            <li>Photoshop</li>
            <li>Illustrator</li>
            <li>Freehand</li>
```

```
        </ol>
    <li>网页制作软件</li>
    <li>动画制作软件</li>
        <ol>
            <li>Flash</li>
            <li>LiveMotion</li>
        </ol>
</ul>
```

页面效果如图 2-5 所示。

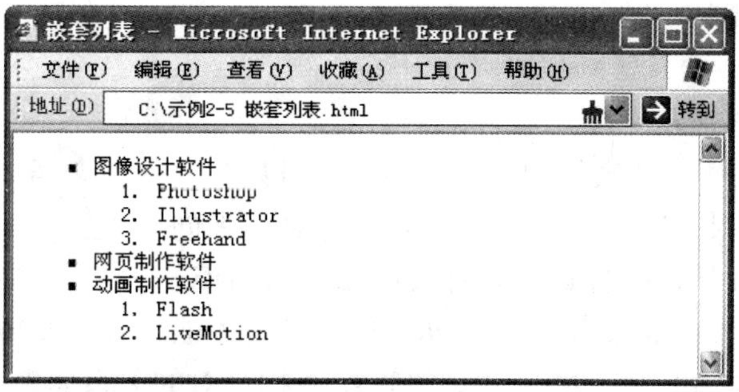

图 2-5　嵌套列表

2.2.7　表格

在网页中，表格是一种很常见的对象，通过表格可以使要表达的内容简洁明了，下面介绍如何使用 HTML 语言实现表格的制作。

1．表格的基本结构

用 HTML 语言制作表格的基本语法是：

```
<table>……</table>                  //定义表格
<caption>……</caption>              //定义标题
<tr>……</tr>                        //定义表行
<th>……</th>                        //定义表头
<td>……</td>                        //定义表元（表格的具体数据）
```

表格<table>标记的属性如表 2-10 所示。

表 2-10　<table>标记属性

属　性	用　途
bgcolor	设置表格的背景色
border	设置边框的宽度，若不设置此属性，默认值为 0
bordercolor	设置边框的颜色
bordercolorlight	设置边框明亮部分的颜色（border 的值大于等于 1 时才有用）
bordercolordark	设置边框昏暗部分的颜色（border 的值大于等于 1 时才有用）
cellspacing	设置表格单元格之间的空间大小

（续）

属　性	用　途
cellpadding	设置表格的单元格边框与其内部内容之间的空间大小
width	设置表格的宽度，单位用绝对像素值或总宽度的百分比

构建一个简单的表格实例代码如下：

```
<table width="180" border="2" cellpadding="1" cellspacing="1">
    <tr bgcolor="#CCCCCC"> <th>姓名</th> <th>学号</th> <th>年龄</th> </tr>
    <tr> <td>王刚</td> <td>33081001</td> <td>20</td></tr>
    <tr> <td>李明</td> <td>33081002</td> <td>21</td> </tr>
</table>
```

显示效果如图 2-6 所示。

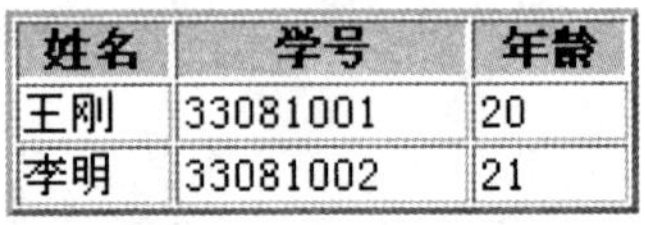

姓名	学号	年龄
王刚	33081001	20
李明	33081002	21

图 2-6　表格的浏览效果

<tr></tr>标记对用来创建表格中的行。此标记对只有放在<table></table>标记对之间使用。<td></td>标记对用来创建表格中每行中的单元格，此标记对只有放在<tr></tr>标记对之间才有效，输入的文本只有在<td></td>标记对中才能够显示出来。<table></table>、<tr></tr>、<td></td>标记对的关系如表 2-11 所示。

表 2-11　<table></table>、<tr></tr>、<td></td>标记对的关系

标　记	用　途
<table>	最外层，创建一个表格
<tr>	创建一行
<td>要输入的文本只能放在此处</td> <td>要输入的文本只能放在此处</td>	创建单元格（这里总共创建了两个单元格）
</tr>	行末尾
</table>	最外层，表格结束

2．表格的尺寸设置

一般情况下，表格的总长度和总宽度是根据各行和各列的总和自动调整的，如果要直接固定表格的大小，HTML 代码为：

```
<table width="n1" height="n2">
```

width 和 height 属性分别确定表格固定的宽度和高度，n1 和 n2 可以用像素来表示，也可以用百分比来表示。

- 一个宽为 200 像素，高为 100 像素的表格代码表示为<table width="200" height="100">。
- 一个宽为 20%，高为 10%的表格，代码表示为<table width="20%" height="10%">。

3．表格内文字的对齐与合并

表格中数据的排列方式有两种，分别是左右排列和上下排列。左右排列是用 align 属性来设置，而上下排列则由 valign 属性来设置，左右排列的位置可分为 3 种：居左（left）、居中（center）、居右（right）。而上下排列比较常用的有 4 种：上齐（top）、居中（center）、下齐（bottom）和基线（baseline）。

- 设置<td>标记的 colspan 属性用来设置表格的单元格跨占的列数（默认值为 1）。

● 设置<td>标记的 rowspan 属性用来设置表格的单元格跨占的行数（默认值为 1）。

单元格合并的实例代码如下：

```
<table width="327" border="1">
  <tr>
    <td width="76" rowspan="2">学生</td>
    <td width="69">姓名</td>
    <td width="79">学号</td>
    <td width="75" rowspan="2">共青团员</td>
  </tr>
  <tr>
    <td>王刚</td>
    <td>33081001</td>
  </tr>
</table>
```

浏览效果如图 2-7 所示。

<table>
<tr><td rowspan="2">学生</td><td>姓名</td><td>学号</td><td rowspan="2">共青团员</td></tr>
<tr><td>王刚</td><td>33081001</td></tr>
</table>

图 2-7　表格合并的显示效果

2.2.8 超链接

超链接是网页互相联系的桥梁，超链接可以看做是一个“热点”，它可以从当前网页定义的位置跳转到其他位置，包括当前页的某个位置、Internet、本地硬盘或局域网上其他文件、甚至跳转到声音、图像等多媒体文件。

根据超链接目标文件的不同，超链接可分为页面超链接、锚点超链接、电子邮件超链接等；根据超链接单击对象的不同，超链接可分为文字超链接、图像超链接、图像映射等。

在创建内部超链接时，根据目录文件与当前文件的目录关系，有 4 种写法。注意，应该尽量采用相对路径。

（1）链接到同一目录中的网页文件

目标文件名是链接所指向的文件。链接到同一目录内的网页文件的格式为：

```
<a href="目标文件名.html">热点对象</a>
```

（2）链接到下一级目录中的网页文件

链接到下一级目录中网页文件的格式为：

```
<a href="子目录名/目标文件名.html">热点对象</a>
```

（3）链接到上一级目录中的网页文件

链接到上一级目录中网页文件的格式为：

```
<a href="../目标文件名.html">热点对象 </a>
```

（4）链接到同级目录中的网页文件

链接到同级目录中网页文件的格式：

```
<a href="../子目录名/目标文件名.html">热点对象</a>
```

表示先退到上一级目录中，然后再进入到目标文件所在的目录。

2.3 表单及表单元素

表单是 HTML 的一个重要组成部分。一般来说，网页通常会通过“表单”形式供浏览者输入数据，然后将表单数据返回服务器，以备登录或查询之用。

表单可以提供输入的界面，供浏览者输入数据，常见的应用有 Web 搜索、问卷调查、注册用户、在线订购等。

2.3.1 表单的定义

表单是页面上的一块特定区域，这块区域有一对<form>标记定义，这一步有两个作用：一方面，限定表单的范围，其他表单对象都要插入表单之中，单击“提交”按钮时，提交到服务器的也就是表单范围之内的内容；另一方面，携带表单的相关信息，如服务器端处理表单的脚本的程序位置，提交表单的方法，这些信息对于浏览者是看不到的，但是对于处理表单却有着重要的作用，具体定义方法如下。

<form>表单标记的主要作用是设定表单的起始位置，并指定处理表单数据程序的 URL 地址，表单所包含的控件就在<form>与</form>之间定义。

基本语法为：

```
<form action=url method=get/post name=value>…</form>
```

语法解释为：用户填入表单的信息总是需要程序进行处理，表单里的 action 就指明了处理表单信息的路径与文件名称。

method 表示发送表达信息的方式。method 有两个值：get 和 post。get 方式是将表单控件的 name/value 信息经过编码之后，通过 URL 发送（可以在地址栏中看到）。而 post 则将表单的内容通过 http 发送，在地址栏中看不到表单的提交信息。那什么时候使用 get，什么时候使用 post 呢？一般是这样来判断，如果只是取得和显示数据，用 get；一旦涉及数据的保密和更新，那么建议使用 post。

2.3.2 表单控件

通过 HTML 表单的各种控件，用户可以输入文字信息，或者从选项中选择，以及做提交的操作。表单常用控件如表 2-12 所示。

表 2-12 表单常用控件

属　性	说　明
type="text"	单行文本输入框
type="password"	密码输入框（输入的文字用*表示）
type="radio"	单选钮
type="checkbox"	复选框
select	列表框
textarea	多行文本输入框
type="submit"	将表单内容提交给服务器的按钮
type="reset"	将表单内容全部清除，重新填写的按钮

以上类型的输入区域有一个公共的属性 name，此属性给每一个输入区域一个名字。这个名字与输入区域是一一对应的，即一个输入区域对应一个名字。服务器就是通过调用某一输入区域的名字的 value 值来获取该区域的数据的。而 value 属性是另一个公共属性，它可以用来指定输入区域的默认值。

基本语法：

```
<input 属性 1  属性 2...>
```

表单常用属性如表 2-13 所示。

表 2-13　表单常用属性

属　性	说　明
name	控件名称
type	控件的类型，如 radio、text 等
align	指定对齐方式，可取 top、bottom、middle
size	指定控件的宽度
value	用于设定输入默认值
maxlength	在单行文本的时候允许输入的最大字符数
src	插入图像的地址

1．单行文本输入框（input type="text"）

单行文本输入框允许用户输入一些简短的单行信息，如用户姓名。

基本语法为：

```
<input type="text" name="field_name" maxlength="value" size="value" value=" field_value">
```

这些属性都包含在表 2-13 中。

2．密码输入框（input type="password"）

密码输入框主要用于保密信息的输入，如密码。因为用户输入的时候，显示的不是输入的内容，而是“*”号。

基本语法为：

```
<input type="password" name="field_name" maxlength="value" size="value" />
```

3．单选按钮（input type="radio"）

用户填写表单时，有一些内容可以通过让浏览者做出选择的形式来实现，如常见的网上调查，首先提出若干问题，然后让浏览者在若干个选项中做出选择。选择控件通常分为两种，单选按钮和复选按钮。使用单选按钮，让用户在一组选项里只能选择一个，选项以一个圆框表示。

基本语法为：

```
<input type="radio" name="field_name" value="value" checked>
```

4．复选框（input type="checkbox"）

复选框允许用户在一组选项中选择多个，用 checked 表示默认已选的项。

基本语法为：

```
<input type="checkbox" name="field_name" value="value" checked>
```

5．列表框（select）

列表框是一种最节省空间的方式，正常状态下只能看到一个选项，单击下拉按钮打开列表后才能看到全部选项。

列表框可以显示一定数量的选项，如果超出了这个数量，会自动出现滚动条，浏览者可以通过拖动滚动条来查看各选项。

通过<select>和<option>标记可以设计页面中的下拉列表框和列表框效果。

基本语法为：

```
<select name="name" size="value" multiple>
  <option value="value" selected>选项 1</option>
  <option value="value" >选项 2</option>
  …
</select>
```

这些属性的含义如表 2-14 所示。

表 2-14　列表框标记的属性及说明

属　性	说　明
name	菜单和列表的名称
size	显示选项的数目，当 size 为 1 时，为下拉列表框控件
multiple	列表中的项目多选，用户用〈Ctrl〉键来实现多选
value	选项值
selected	默认选项

6．多行文本输入框（textarea）

多行文本输入框（textarea）主要用于输入较长的文本信息。

基本语法为：

```
<textarea name="textfield_name" cols="value" rows="value" value="textfield_value">
…
</textarea>
```

这些属性的含义如表 2-15 所示。

表 2-15　多行文本输入框的属性

属　性	说　明
name	多行输入框的名称
cols	多行输入框的列数
rows	多行输入框的行数
value	多行输入框的默认值

7．普通按钮

表单中按钮起着至关重要的作用，按钮可以触发提交表单的动作，按钮可以在用户需要的时候将表单恢复到初始状态，还可以根据程序的需要，发挥其他作用。

表单中的按钮分为 3 类：普通按钮、提交按钮、重置按钮。其中普通按钮本身没有指定特定的动作，需要配合 JavaScript 脚本来进行表单处理。

基本语法为：

```
<input type="button" name="button_name" id="button_id" value="普通按钮">
```

语法解释为：

value 的值代表显示在按钮上面的文字。

8．提交按钮

通过提交按钮可以将表单中的信息提交给表单中的 action 所指向的文件。

基本语法为：

```
<input type="submit" name="button_value" id="button_id" value="提交">
```

语法解释为：

单击提交按钮时，可以实现表单的提交。value 的值代表显示在按钮上面的文字。

【示例 2-6】 提交按钮的使用，核心代码如下：

```
<form action="http://www.baidu.com/s" target="_blank">
    <input type="text" size=30 maxlength="100" name="word">
    <input type="submit" value="百度一下">
</form>
```

页面效果如图 2-8 所示，在文本框中输入“HTML”，单击“百度一下”按钮，搜索页面如图 2-9 所示。

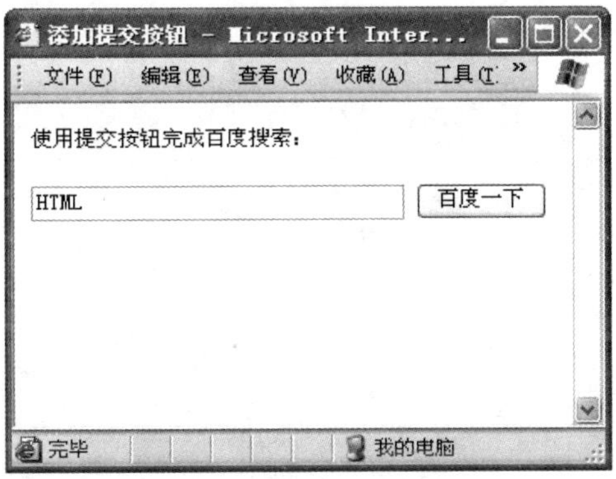

图 2-8 提交按钮页面

图 2-9 搜索结果

9．图片式提交按钮（input type="image"）

使用传统的按钮形式往往会让人感觉单调，如果网页使用丰富的色彩或稍微复杂的设计，再使用传统的按钮形式，就会影响整体美感。这时，可以使用图片式提交按钮创建与网页整体效果统一的按钮。图片式提交按钮是指在提交按钮位置上放置图片，这幅图片具有提交按钮的功能。

基本语法为：

```
<input type="image" src="图片路径" alt="提交" name="value">
```

语法解释为：

type="image"相当于 type="submit"，不同的是 type="image"以一个图片作为表单的按

钮；src 属性表示图片的路径；alt 属性表示鼠标在图片上悬停时显示的说明文字；name 为按钮名称。

10．重置按钮（input type="reset"）

通过重置按钮将表单内容全部清除，恢复成默认的表单内容设定，重新填写。

基本语法为：

```
<input type="reset" value="重置">
```

语法解释为：

value 用于按钮上的说明文字。

2.4 框架标记的应用

框架实际上有两部分组成，即框架集与框架。由于框架集在文档中仅定义了框架的结构、数量、尺寸及装入框架的页面文件，因此，框架集并不显示在浏览器中，它只是存储了一些框架如何显示的信息。

所有的框架标记要放在一个 HTML 文档中，HTML 页面的标记<body>被框架集标记<frameset>所取代，然后通过<frameset>的子窗口标记<frame>定义每一个子窗口和子窗口页面属性。

基本语法为：

```
<html>
  <head>
  </head>
  <frameset>
    <frame src="url 地址 1" name="leftFrame" >
    <frame src="url 地址 2" name="mainFrame" >
    ...
  </frameset>
</html>
```

语法解释为：

<frame>子框架的 src 属性的每个 URL 值指定了一个 HTML 文件（这个文件必须事先做好地址，地址路径可使用绝对路径或相对路径，这个文件将载入相应的窗口中）。

框架结构可以根据框架集标记<frameset>的分割属性分为 3 种：左右分割窗口、上下分割窗口、嵌套分割窗口。

2.4.1 框架集

框架集标记<frameset>的常用属性如表 2-16 所示。

表 2-16 <frameset>标记常用属性

属　性	说　明
border	设置边框粗细，默认为 5 像素

（续）

属　性	说　明
bordercolor	设置边框颜色
frameborder	指定是否显示边框："0" 表示不显示边框，"1" 代表显示边框
cols	用 "像素数" 和 "%" 分割左右窗口，"*" 表示剩余部分
rows	用 "像素数" 和 "%" 分割上下窗口，"*" 表示剩余部分
framespacing	表示框架与框架间的保留空白的距离
noresize	设置框架不要调节大小，只要设定了前面的框架，后面的框架将继承

（1）左右分割窗口属性 cols

如果想要在水平方向将浏览器分割为多个窗口，则需要用到框架集的左右分割窗口属性 cols。分割几个窗口其 cols 属性的值就有几个，值的定义为宽，可以是数字（单位为像素），也可以是百分比和剩余值，各值之间用逗号分开。其中剩余值用 "*" 号表示，剩余值表示所有窗口设定之后的剩余部分，当 "*" 只出现一次时，表示该子窗口的大小将根据浏览器窗口的大小自动调整，当 "*" 出现一次以上时，表示按比例分割剩余的窗口空间。cols 的默认值为一个窗口。

例如：

```
<frameset cols="40%,2*,*">          //将窗口分为 40%，40%，20%
<frameset cols="100, *,*">          //将 100 像素以外的两个窗口平均分配
<frameset cols="*, *,*">            //将窗口分为三等份
```

（2）上下分割窗口属性 rows

上下分割窗口的属性设置和左右分割窗口的属性设置是一样的，参照上述即可。

2.4.2　子窗口<frame>标记的设定

<frame>标记要放在框架集<frameset>中，<frameset>设置了几个子窗口，就必须对应几个<frame>标记，而且每一个<frame>标记内还必须设定一个网页文件（src="*.html"），<frame>标记常用属性如表 2-17 所示。

表 2-17　<frame>标记常用属性

属　性	说　明
src	指示加载的 url 文件地址
bordercolor	设置边框颜色
frameborder	指定是否显示边框："0" 表示不显示边框，"1" 代表显示边框
border	设置边框粗细
name	指示框架名称，是链接标记的 target 所要的参数
noresize	指示不能调整窗口的大小，省略此项时为可调整
scorlling	指示是否要滚动条，auto 表示根据需要自动出现，yes 表示有，no 表示无
marginwidth	设置内容与窗口左右边缘的距离，默认值为 1
marginheight	设置内容与窗口上下边缘的边距，默认值为 1
width/height	框窗的宽及高，默认为 width="100" height="100"
align	可选值为 left、right、top、middle、bottom

子窗口的排列遵循从左到右、从上到下的次序。

2.5 实例1：静态网页的编辑

2.5.1 学习目标

1）掌握HTML基本标记的应用。

2）掌握HTML列表或表格等布局标记、超链接标记的使用。

2.5.2 实例介绍

使用HTML基本标记与表格或列表标记完成庄辉书法作品展网页。

2.5.3 实施过程

1）使用列表进行页面布局，首先设置页面属性（背景颜色为#6D4418，超链接颜色为#FFCC338，访问后的链接颜色为#6D4418），代码如下：

```
<html>
    <head>
        <meta http-equiv="Content-Type" content="text/html; charset=gb2312" />
        <title>庄辉书法作品集</title>
    </head>
    <body link="#6D4418" vlink="#6D4418" alink="#FFCC338">
    </body>
</html>
```

2）在<body>标记中插入一个4行1列的表格，并将第3行表格分为2列，设置第1行单元格的背景色为#6D4418，插入图片“images/logo.gif”，在第2行中插入images文件夹中的“banner.jpg”，设置第3行第1列宽度为180px，第2列宽度为813px，在第4行中插入版权信息相关内容。代码如下：

```
<table width="996" bgcolor="#6D4418" cellspacing="1" align="center">
    <tr>
        <td colspan="2" bgcolor="#6D4418">
            <img src="images/logo.gif" alt="logo" width="414" height="65" />
        </td>
    </tr>
    <tr bgcolor="#FFFFFF">
        <td colspan="2"><img src="images/banner.jpg" width="996" height="185"></td>
    </tr>
    <tr bgcolor="#FFFFFF">
        <td width="180" align="center" valign="top"></td>
        <td width="813" valign="top"> </td>
    </tr>
    <tr bgcolor="#FFFFFF">
```

```
<td height="100" colspan="2" align="center">
<p>版权所有：淮安书画院书法家庄辉</p>
<p>建议分辨率：800&times;600 以上分辨率 IE 4.0 以上版本浏览器</p></td>
</tr>
</table>
```

3）在第 3 行左侧的单元格中嵌套 10 行 2 列子表格，宽度为 60%，第 1 列宽为 22%，第 2 列宽为 78%，第 1 列单元格中插入图片“dot.jpg”，第 2 列中插入相应的超级链接。代码如下：

```
<table width="60%" border="0" cellspacing="0" cellpadding="0">
    <tr>
      <td width="22%"><img src="images/dot.jpg"></td>
      <td width="78%" height="25"><a href="index.html">网站首页</a></td>
    </tr>
    <tr>
      <td><img src="images/dot.jpg"></td>
      <td height="25"><a href="grjj.html">个人简介</a></td>
    </tr>
    <tr>
      <td><img src="images/dot.jpg"></td>
      <td height="25"><a href="sfzp.html">书法作品</a></td>
    </tr>
    <tr>
      <td><img src="images/dot.jpg"></td>
      <td height="25"><a href="ghzp.html">国画作品</a></td>
    </tr>
    <tr>
      <td><img src="images/dot.jpg"></td>
      <td height="25"><a href="kszp.html">楷书作品</a></td>
    </tr>
    <tr>
      <td><img src="images/dot.jpg"></td>
      <td height="25"><a href="zszp.html">篆书作品</a></td>
    </tr>
    <tr>
      <td><img src="images/dot.jpg"></td>
      <td height="25"><a href="cszp.html">草书作品</a></td>
    </tr>
    <tr>
      <td><img src="images/dot.jpg"></td>
      <td height="25"><a href="xczp.html">行草作品</a></td>
    </tr>
    <tr>
      <td><img src="images/dot.jpg"></td>
      <td height="25"><a href="smzp.html">扇面作品</a></td>
    </tr>
    <tr>
```

```
        <td><img src="images/dot.jpg"></td>
        <td height="25"><a href="lxfs.html">联系方式</a></td>
    </tr>
</table>
```

4）在第 3 行右侧的单元格中嵌套子表格 4 行 1 列，依次插入相应的文本与图片元素。代码如下：

```
<table width="80%" border="0" align="center" cellpadding="0" cellspacing="0">
        <tr><td height="25">书法作品-书法作品</td></tr>
        <tr>
          <td height="25"><hr size="1" color="#6D4418" width="98%"></td>
        </tr>
        <tr>
          <td height="25" align="center"><img src="images/xc.jpg"></td>
        </tr>
        <tr>
          <td height="25" align="center">草书    蔡树农诗句    竹兰生意气</td>
        </tr>
</table>
```

页面效果如图 2-10 所示。

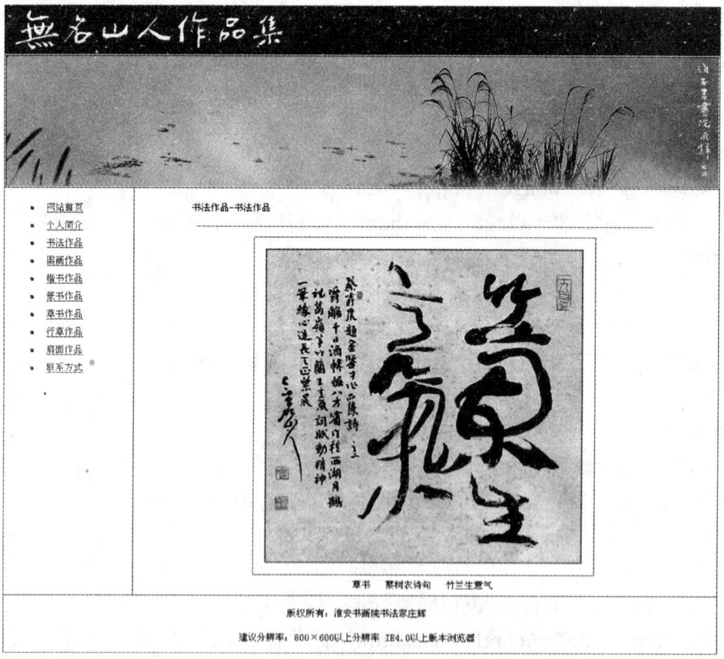

图 2-10　用表格与列表布局的书法作品页面效果

2.5.4 实例拓展

采用同样的方式，依次制作保存其他页面。页面效果如图 2-11 所示。

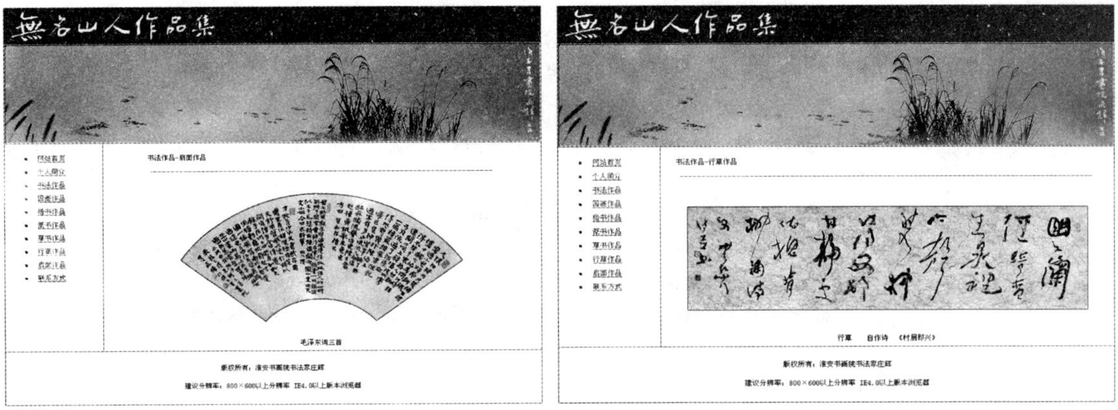

a) b)

图 2-11 网站子页面

a) 扇面作品页面 b) 行草作品页面

2.6 实例 2：客户留言信息表单编辑

2.6.1 学习目标

1）掌握表单标记的应用。

2）掌握表单元素标记的应用。

2.6.2 实例介绍

使用表单与表单元素标记编辑客户浏览信息表单。

2.6.3 实施过程

本实例采用记事本编辑方式进行 HTML 的编写，具体方式如下：

1）执行“开始”→“程序”→“附件”→“记事本”命令，打开记事本程序。

2）在记事本中输入如下 HTML 代码：

```
<html>
    <head>
        <meta http-equiv="Content-Type" content="text/html; charset=utf-8" />
        <title>客户留言信息</title>
    </head>
    <body>
        <form id="form1" name="form1" method="post" action="">
            <p>客户姓名： <input type="text" name="textfield" id="textfield" /></p>
            <p>性    别： <input type="radio" name="radio" id="radio" value="radio" />女
                       <input type="radio" name="radio2" id="radio2" value="radio2" />男
            </p>
            <p>职    业：
```

```
            <select name="select" id="select">
              <option value="1">公务员</option>
              <option value="2">教师</option>
              <option value="3">国企</option>
            </select>
        </p>
        <p>联系电话：  <input type="text" name="textfield2" /> </p>
        <p>留言信息：  <textarea name="textarea" cols="45" rows="5"></textarea></p>
        <p> <input type="submit" name="button" id="button" value="提交" />
          <input type="submit" name="button2" id="button2" value="重填" />
        </p>
      </form>
   </body>
</html>
```

3）从记事本菜单中选择“文件”→“另存为”命令，弹出“另存为”对话框。在对话框中选择保存位置，将文件名设置为 form.html，单击“保存”按钮。

4）浏览刚刚创建的网页 form.html，结果如图 2-12 所示。

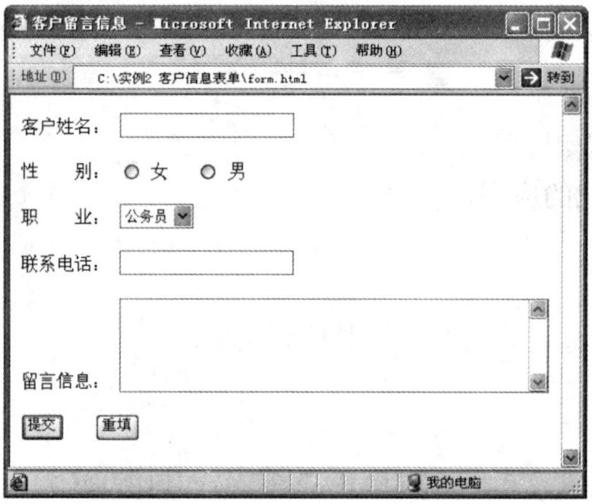

图 2-12 客户留言信息表单演示效果

2.6.4 实例拓展

表单边框的添加，使用<fieldset></fieldset>标记对将指定的表单字段框起来，使用<legend></legend>标记对在方框的左上角填写说明文字。

```
<form>
   <fieldset>
   < legend>说明文字</ legend>
      …
   </fieldset>
</form>
```

结果如图 2-13 所示。

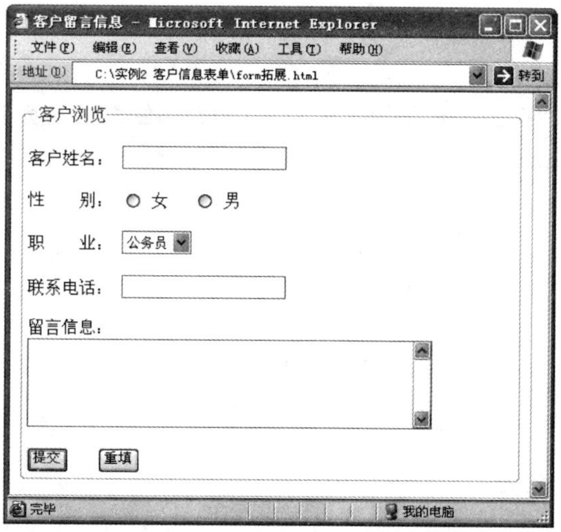

图 2-13　给客户留言添加表单边框

2.7　实例 3：框架编辑 HTML 页面

2.7.1　学习目标

1）掌握<frameset>标记的应用。

2）掌握<frame>标记的应用。

2.7.2　实例介绍

使用<frameset>与<frame>标记编辑制作框架页面。

2.7.3　实施过程

庄辉个人网站框架设计为“上方固定，左侧嵌套”的嵌套结构，主框架为 default.html，顶部的页面为 top.html，左侧页面为 left.html，右侧页面为 right.html 以及其他作品页面。

1）定义主框架页面 default.html 的代码如下：

```
<html>
    <head>
        <meta http-equiv="Content-Type" content="text/html; charset=gb2312" />
        <title>欢迎访问庄辉(无名山人)作品集网站！</title>
    </head>
    <frameset rows="185,*" cols="*" frameborder="1" border="2" framespacing="5" >
        <frame src="top.htm" name="topFrame" scrolling="No" noresize="noresize" />
        <frameset rows="*" cols="160,*" framespacing="5" frameborder="1" border="2" >
            <frame src="left.htm" name="leftFrame" scrolling="No" noresize="noresize" />
            <frame src="right.htm" name="mainFrame" />
        </frameset>
```

```
    </frameset>
</html>
```

说明：框架定义中顶部框架页面命名为 topFrame，左侧框架页面命名为 leftFrame，右侧框架页面命名为 mainFrame。

2）定义左侧嵌套页面 left.html 的核心代码如下：

```
<table width="135" border="0" align="left" cellpadding="0" cellspacing="0">
    <tr>
        <td height="25" align="center"><img src="images/dot.jpg"></td>
        <td align="center"><a href="sfzp.html" target="mainFrame">书法作品</a></td>
    </tr>
</table>
```

3）定义右侧展示页面，右侧展示主页页面 right.html，效果如图 2-14 所示。

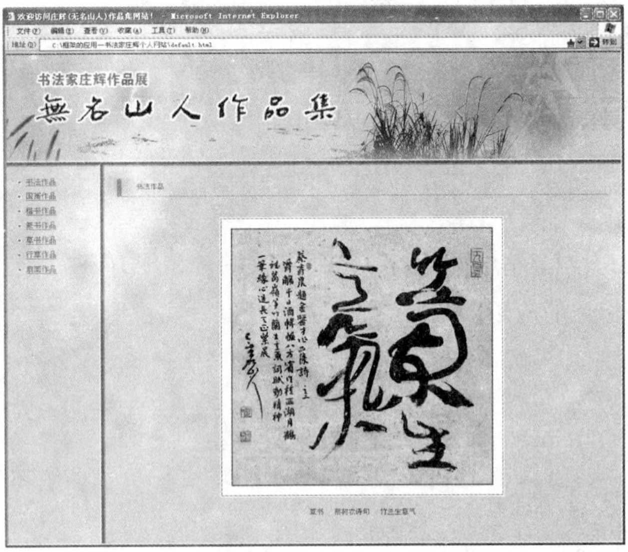

图 2-14　框架实现庄辉作品展页面效果

2.7.4　实例拓展

制作右侧展示草书作品（cszp.html）、楷书作品（kszp.html）等页面。

2.8　习题

1）以下说法中，错误的是（　　）。

A．获取 WWW 服务时，需要使用浏览器作为客户端程序

B．WWW 服务和电子邮件服务是 Internet 提供的最常用的两种服务

C．网站就是一系列逻辑上可以视为一个整体的页面的集合

D．所有网页的扩展名都是.htm

2）以下说法中，错误的是（　　）。

A．网页的本质就是 HTML 源代码

B．网页就是主页

C．使用记事本编辑网页时，应将其保存为扩展名.htm 或.html

D．本地网站通常就是一个完整的文件夹

3）以下说法中，正确的是（　　）。

A．P 标记符与 br 标记符的作用一样

B．多个 p 标记符可以产生多个空行

C．多个 br 标记符可以产生多个空行

D．p 标记符的结束标记符通常不可以省略

4）以下有关列表的说法中，错误的是（　　）。

A．有序列表和无序列表可以互相嵌套

B．指定嵌套列表时，也可以具体指定项目符号或编号样式

C．无序列表应使用 ul 和 li 标记符进行创建

D．在创建列表时，li 标记符的结束标记符不可省略

5）以下有关表单的说法中，错误的是（　　）。

A．表单通常用于收集用户信息

B．在 form 标记符中使用 action 属性指定表单处理程序的位置

C．表单中只能包含表单控件，而不能包含其他诸如图片之类的内容

D．在 form 标记符中使用 method 属性指定提交表单数据的方法

6）以下说法中，错误的是（　　）。

A．表格在页面中的对齐应在 table 标记符中使用 align 属性

B．要控制表格内容的水平对齐，应在 tr、td、th 中使用 align 属性

C．要控制表格内容的垂直对齐，应在 tr、td、th 中使用 valign 属性

D．表格内容的默认水平对齐方式为居中对齐

7）在网页中显示特殊字符，如果要输入“<”，则应使用（　　）。

A．lt　　　　B．&Lt　　　　C．&lt　　　　D．<

第 3 章　CSS+DIV 应用

3.1　CSS 简介

CSS 是 Cascading Style Sheet 的缩写，可以翻译为“层叠样式表”或“级联样式表”，即样式表。CSS 的属性在 HTML 元素中是依次出现的，并不显示在浏览器中。它可以定义在 HTML 文档的标记里，也可以在外部附加文档中作为附加文件。此时，一个样式表可以作用于多个页面，乃至整个站点，因此具有更好的易用性和拓展性。

利用 CSS 不仅可以控制一篇文档中的文本格式，而且可以控制多篇文档的文本格式。因此使用 CSS 样式表定义页面文字，将会使工作量大大减少。好的 CSS 样式表的建立，可以更进一步地对页面进行美化，对文本格式进行精确定制。

CSS 样式表的功能一般可以归纳为以下几点：

- 灵活控制页面中文字的字体、颜色、大小、间距、风格及位置。
- 随意设置一个文本块的行高、缩进，并可以为其加入三维效果的边框。
- 更方便定位网页中的任何元素，设置不同的背景颜色和背景图片。
- 精确控制网页中各元素的位置。
- 与 DIV 元素结合进行网页页面布局。

在设计网页时，能否控制好各个模块在页面中的位置是非常关键的，在 CSS 排版的页面中<div>标记起到至关重要的作用。

<div>（division）简单而言就是一个区块标记，即在<div></div>之间相当于一个容器，可以容纳段落、标题、图片、表格，乃至章节、摘要、标注等各类 HTML 标记。因此，可以把<div></div>中的内容视为一个独立的对象，用于 CSS 的控制。声明时只需要对<div>进行相应的控制，其中的各标记都会因此而改变。针对 CSS+DIV 的布局应用在后边章节将详细介绍。

3.2　CSS 的使用

3.2.1　样式表的规则

CSS 样式设置规则由选择符和声明部分组成。

语法为：

```
选择符{属性 1:属性值 1; 属性 2:属性值 2; }
```

选择符是标识已设置格式元素（如 body、table、td、p、类名、id 名等）的术语，而声明则用于定义样式属性。声明由属性和值两部分组成，在下面的示例中，p 为选择符，介于“{}”中的所有内容为声明块。

例如：

```
p {font-family: "宋体";
   font-size: 18px;
}
```

以上代码表示了<p></p>标记内的所有文本的字体为宋体，字体大小为 18px。

3.2.2 选择符的分类

CSS 的主要功能就是将某些规则应用于文档中同一类型的元素，这样可以减少网页设计者的工作。每个样式表由一系列的规则组成，每条规则由两部分组成：选择符和声明。其实所谓的声明就是属性和值的组合。

（1）标记选择符

标记选择符也称为类型选择符，HTML 中的所有标记都可以作为标记选择符。例如对<body>定义网页中的文字大小、颜色和行高代码如下：

```
body {font-size: 12px;color: #000000;line-height:18px;}
```

（2）类选择符

类选择符能够把相同的元素分类定义成不同的样式。定义类选择符时，在自定义类的前面需要加一个点号。

例如定义“欲穷千里目 更上一层楼”文本为红色并且向右对齐：

```
.right {color: #FF0000;text-align:right;}
```

调用的方法是<p class="right ">欲穷千里目 更上一层楼</p>

（3）id 选择符

在 HTML 页面中 id 参数指定了某个单一元素，id 选择符是用来对某个单一元素定义单独的样式。

```
<p id="title1">欲穷千里目 更上一层楼</p>
```

可见<p>标记被指定了 id 名称为 title1。因此，id 选择符的使用和类选择符类似，只要将 class 换成 id 即可，title1 选择符的样式定义如下：

```
#title1{color: #FF0000;text-align:center;}
```

（4）伪类选择符

伪类可以看做是一种特殊的类选择符，是能被支持 CSS 的浏览器自动识别的特殊选择符。之所以称为“伪”，是因为它们所指定的对象在文档中并不存在，它们指定的是元素的某种状态，例如：

```
a:link {color: #000000; text-decoration: none;}
a:visited {color: #333333; text-decoration: none;}
```

```
a:hover {color : #f83800; text-decoration: underline;}
a:active {color: #666666; text-decoration: none;}
```

为了确保每次鼠标经过文本时的效果都相同，建议在定义样式时一定要按照 a:link、a:visited、a:hover 与 a:active 的顺序依次编写。

（5）包含选择符

包含选择符是可以单独对某种元素包含关系定义的样式表。元素 1 里包含元素 2，这种方式只对在元素 1 里的元素 2 定义，对单独的元素 1 或元素 2 无定义，例如：

```
table a{font-size:12px;font-color:#ff0000;}
```

表示<table>标记内的 a 对象的样式。这里只定义表格内的超链接样式，文字大小为 12px，颜色为红色，而表格外的超链接文字仍然为默认大小。

这样做可以避免使用过多的 id 或 class，直接对所需设置的元素进行样式定义。同时包含选择符可以在两者之间包含，也可以支持多级包含。

（6）选择符组

可以把相同属性和值的选择符组合起来书写，用逗号将选择符分开，这样可以减少样式的重复定义。

例如：

```
h1,h2,h3,h4,h5,h6,td{color:#666666;}
```

这里的样式表示 h1,h2,h3,h4,h5,h6,td 中的文本颜色都为灰色（#666666）。

3.2.3 添加 CSS 的方法

当浏览器读取样式表时，要依照文本格式来读，这里介绍 4 种在页面中插入样式表的方法：行内样式表、内部样式表、链入外部样式表、导入外部样式表。

（1）行内样式表

基本语法：

```
<标记名称 style="样式属性:属性值; 样式属性……">
```

语法解释：

直接在 HTML 代码行中加入样式规则。适用于指定网页内的某一小段文字的显示规则，效果仅可控制该标记。

【示例 3-1】 行内样式表应用，核心代码如下：

```
<p style="background:#FF0000; color:#FFFFFF; font-size:30px; font-family:黑体">
    行内样式直接引用实例!
</p>
```

图 3-1 行内样式表应用实例

页面效果如图 3-1 所示。

（2）内部样式表

将样式表嵌入到 HTML 文件的文件头<head>…</head>区域内。

基本语法：

```
<html>
    <head>
        <style type="text/css">
        <!--
            选择符{样式属性:属性值;...}
        -->
        </style>
    </head>
    <body>...</body>
</html>
```

语法解释：

在 HTML 文件头<head>标记内嵌入样式表。

在 HTML 文件中用<style>标记说明所要定义的样式，具体是用<style>标记的 type 属性来进行 CSS 语法定义。

为了防止不支持 CSS 的浏览器将<style>和</style>之间的 CSS 规则当成普通字符显示在网页上，可用<!--和-->将 CSS 的规则代码括起来。

【示例 3-2】 内部样式表的应用。

代码如下：

```
<html>
    <head>
        <title>内部样式表</title>
        <style type="text/css">
            <!--
            p{ color: green; }
            H3{ color: red; text-decoration: underline; font-family: "黑体"; }
            -->
        </style>
    </head>
    <body>
        <p align="center">一个 CSS 应用页面!</p>
        <H3 align="center">一个 CSS 应用页面!</H3>
    </body>
</html>
```

页面效果如图 3-2 所示。

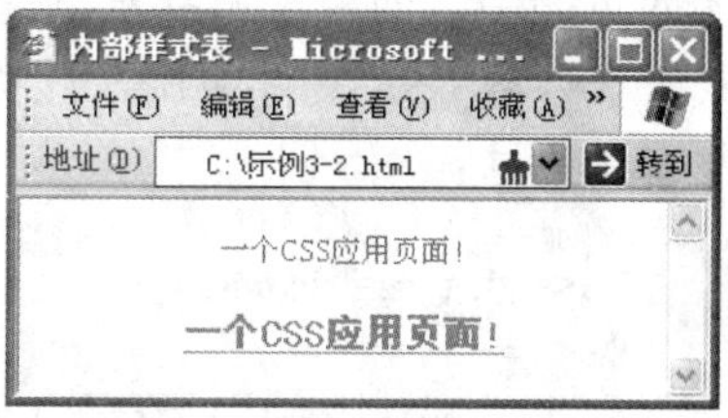

图 3-2 内部样式表使用效果

提示：第一种与第二种引用 CSS 样式的方法都属于引用内部样式表，即样式表规则的有效范围只限于该 HTML 文档，在该文档以外将无法使用。

（3）链接样式表

将一个外部样式表链接到 HTML 文档中。

基本语法：

```
<link rel="stylesheet" href= "*.css " type= "text/css " >
```

语法解释：

样式定义在独立的 CSS 文件中，并将该文档链接到要运用该样式的 HTML 文档中。

href 用于设置链接的 CSS 文件的位置，可以为绝对地址或相对地址，rel="stylesheet"表示是链接样式表，是链接样式表的必有属性。

*.css 为已编辑好的 CSS 文件，CSS 文件只能由样式表规则或声明组成，并且不用使用注释标记。

可以将多个 HTML 文档链接到同一个样式表上，如果改变样式表文件中的一个设置，所有的网页都会随之改变。

利用记事本或者 Dreamweaver 编辑工具编写 CSS 文件 1.css，代码编写如下：

```
p { background:#FF0000;
   color:#FFFFFF;
   font-size:30px;
   font-family: 黑体;}
```

【示例 3-3】 链接样式表的应用。

代码如下：

```
<html>
      <head>
            <link href="1.css" rel="stylesheet" type="text/css">
       </head>
      <body>
            <p>链接样式表的应用实例! </p>
      </body>
</html>
```

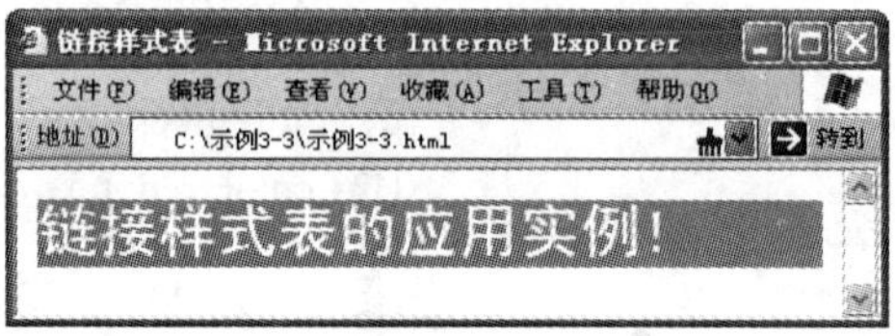

图 3-3 链接样式表使用效果

页面效果如图 3-3 所示。

（4）导入外部样式表

导入外部样式表形式上有点像外部链接样式表和内部嵌入样式表的结合，它和外部链接样式表的区别是外部样式输入是在浏览器解释 HTML 代码时，将外部 CSS 文件中的内容全部调入页面中，而外部链接样式表不将外部 CSS 文件中的内容调入页面中，而只在用到该样式时在外部 CSS 文件中调入该样式的定义。

基本语法：

```
<style type="text/css">
<!--
     @import url(外部样式表文件名);
-- >
</style>
```

语法解释：

用 import 语句导入样式表，import 语句后的“;”是必需的。

【示例 3-4】 导入外部样式表的应用，代码如下：

```
<html>
    <head>
        <style type="text/css">
            <!--
            @import url("1.css");
            -->
        </style>
    </head>
    <body><p>链接样式表的应用实例! </p></body>
</html>
```

页面效果如图 3-3 所示。

3.2.4 CSS 的继承与冲突

CSS 的继承性，也被称为样式表的层叠性。样式表的继承规则是外部的元素样式会保留下来，由这个元素所包含的其他元素继承。

如果在同一个选择符上使用了多个不同的样式表时，这些样式会相互冲突，产生不可预料的效果。浏览器根据以下规则显示样式属性。

如果在同一文本中应用两种样式时，则浏览器显示出两种样式中除冲突属性外的所有属性。

如果在同一文本中应用的两种样式是相互冲突的，则浏览器显示出最里面的样式属性。

如果存在直接冲突，则自定义样式表的属性（应用 class 属性的样式）将覆盖 HTML 标记样式的属性。

如果<body>与<p>同时定义了<p>标记内文本的颜色，也就是样式表的内容为

```
body{color:red;font-size:9pt;}
p{color:blue;}
```

那么在页面显示时，段落文字的字号会继承<body>的 9 磅文字，而颜色则按照最后定义的蓝色显示。不同的选择符定义相同的元素时，要考虑到不同选择符之间的优先级。选择符优先级顺序为 ID 选择符、类选择符、HTML 标记选择符。因为 ID 选择符是最后加到元素上的，所以优先级最高，其次是类选择符。

依照“后定义优先”这一原则，一般认为优先级高的内嵌样式，内部样式表高于导入外部样式表，链入样式表和内部样式表之间则根据定义的先后顺序来评定，也就是最后定义的优先级最高。

3.2.5 CSS 的注意事项

一般情况下，在书写 CSS 样式表时，需要注意以下原则：

● 如果属性的值是多个单词组成时，则必须使用引号（" "）将属性值括起来。例如对

于文字字体的定义 font-family: "黑体", "宋体", "隶书";。

- 如果需要对一个选择符指定多个属性，则在属性之间要用分号加以分隔。为了提高代码的可读性，最好分行写，最后一个属性后的分号“;”可以省略。
- 可以将具有相同属性和属性值的选择符组合起来，用逗号“,”将其分开，这样可以减少样式的重复定义。例如，要定义段落和表格内的文字尺寸都是 9 个像素，则可以使用下面这段代码：

```
p,table {font-size:9px}
```

而这段代码的效果完全等效于对这两个选择符分别定义；

```
table {font-size:9px}
p {font-size:9px}
```

- CSS 样式表中的注释语句以“/*”开头，以“*/”结尾，如下所示。

```
p{color:#000000;font-family:arial /*颜色为黑色，字体为 arial*/}
```

3.3 字体、颜色、背景与文字属性

3.3.1 设置 CSS 的字体属性

CSS 的字体属性主要包括字体族科、字体大小、加粗字体以及英文字体的大小号转换。

（1）字体设置—font-family

字体族科实际上就是 CSS 中设置的字体，用于改变 HTML 标志或元素的字体，相当于 HTML 标记中 font-face 属性的功能。其语法为：

```
font-family: "字体 1","字体 2","字体 3";
```

说明：浏览器不支持第一个字体时，会采用第二个字体；前两个字体都不支持，则采用第三个字体，以此类推。浏览器不支持定义的所有字体，则会采用系统的默认字体。必须用双引号引住任何包含空格的字体名。

（2）字号设置—font-size

字体大小属性用做修改字体显示的大小。其语法为：

```
font-size:大小取值
```

取值范围如下。

1）绝对大小：xx-small|x-small|small|medium|large|x-large|xx-large。

2）相对大小：larger|smaller。

3）长度值或百分比。

说明：绝对大小根据对象字体进行调节；相对大小则是相对于父对象中字体尺寸进行相对调节；长度则是由浮点数字和单位标识符组成的长度值；百分比取值基于父对象中字体的尺寸。

（3）字体风格—font-style

字体风格就是字体样式，主要是设置字体是否为斜体。其语法为：

```
font-style:样式的取值
```

取值范围：normal|italic|oblique。

说明：normal（默认值）是以正常的方式显示；italic 则是以斜体显示；oblique 属于其中间状态，以偏斜体显示。

（4）设置加粗字体—font-weight

font-weight 属性用于设置字体的粗细，实现对一些字体的加粗显示。其语法为：

```
font-weight:字体粗度值
```

取值范围：normal|bold|bolder|lighter|number。

说明：normal（默认值）表示正常粗细；bold 表示粗体；bolder 表示特粗体；lighter 表示特细体；number 表示 font-weight 还可以取数值，其范围是 100～900，而且一般情况下都是整百的数，如 100，200 等。正常字体相当于数值为 400 的粗细，粗体则相当于 700 的粗细。

（5）小型的大写字母—font-variant

font-variant 属性用来设置英文字体是否显示为小型的大写字母。其语法为：

```
font-variant：取值
```

取值范围：normal|small-caps。

说明：normal（默认值）表示正常的字体，small-caps 表示英文显示为小型的大写字母字体。

（6）复合属性：字体—font

font 属性是复合属性，用做对不同字体属性的略写，特别是行高。其语法为：

```
font:字体取值
```

说明：字体取值可以包含字体族科、字体大小、字体风格、小型的大写字母，它们之间使用空格相连接。

（7）字体设置综合实例

【示例 3-5】 字体属性综合设置。

代码如下：

```
<html>
    <head>
        <title>字体属性设置</title>
        <style type="text/css">
            p{font:italic small-caps bold 12pt/18pt 宋体;}
            .style1{font-family:"黑体";font-size:20px;font-weight:800}
        </style>
    </head>
```

```
        <body>
            <span class="style1">CSS 简介</span><br>
            <p>CSS 是英语 Cascading Style Sheets（层叠样式表单）的缩写，它是一种用来表现
HTML 或 XML 等文件式样的计算机语言。</p>
        </body>
    </html>
```

页面效果如图 3-4 所示。

说明：代码中 p{font:italic small-caps bold 12pt/18pt 宋体;}表示设置段落的字体为粗体和斜体的宋体，大小为 12pt，行高为 18pt，文中英文采用小型的大写字母。

图 3-4　字体样式效果

3.3.2　颜色及背景属性

颜色和背景属性主要包括颜色属性设置、背景颜色、背景图案、背景重复、背景附件和背景位置。

（1）颜色属性设置—color

颜色属性允许网页制作者指定一个元素的颜色。颜色值是一个颜色关键字或一个 RGB 格式的数字。为了避免与用户的样式表之间的冲突。建议颜色和背景属性始终一起制定。

语法：color:颜色代码。

说明：在这里颜色取值可以是颜色关键字，如 yellow，也可以是 RGB 颜色代码等有多种写法。

#rrggbb 描述如#FF0000。

#rgb 描述如#F00。

rgb（x,x,x）其中，x 是基于 0～255 的整数，如 rgb（255，0，0）。

rgb（y%，y%，y%）其中，y 是一个介于 0～100 的整数，例如 rgb（100%，0，0）。

这里的颜色都代表红色，关键字为 red。

（2）背景颜色—background-color

在 CSS 中，使用 background-color 属性设置背景颜色。

语法：background-color:颜色取值。

（3）背景图像—background-image

在 CSS 中，背景图像属性为 background-image，用来设定一个元素的背景图像。

语法：background-image: url(图像地址)。

说明：图像地址可以设置成绝对地址，也可以设置成相对地址。

（4）背景重复—background-repeat

背景重复属性也称为背景图像平铺属性，用来设定对象的背景图像如何铺排。

语法：background-repeat：取值。

取值范围：repeat|no-repeat|repeat-x|repeat-y。

说明：repeat 表示背景图片横向和竖向都重复；no-repeat 表示背景图片横向和竖向都不重复；repeat-x 表示背景图片横向重复；repeat-y 表示背景图片竖向重复。

这个属性和 background-image 属性连在一起使用。

只设置 background-image 属性，没设置 background-repeat 属性，在默认状态下，图片既横向重复，又竖向重复。

（5）背景附件—background-attachment

背景附件属性用来设置背景图像是随对象内容滚动还是固定。

语法：background-attachment：取值。

取值范围：scroll|fixed

说明：scroll 表示背景图像是随对象内容滚动，是默认选项；fixed 表示背景图像固定在页面上静止不动，只有其他的内容随滚动条滚动。

这个属性和 background-image 属性连在一起使用。

（6）背景位置—background-position

背景位置属性用于指定背景图像的最初位置。这个属性只能应用于块级元素和替换元素。替换元素仅指一些已知原有尺寸的元素。在 HTML 中，替换元素包括 img、input、textarea、select 和 object。

语法：background-position:位置取值。

取值范围：[<百分比>|<长度>]{1,2}或|[top|center|bottom]||[left|center|right]。

说明：该语法中的取值范围包括两种，一种是采用数字，即[<百分比>|<长度>]{1,2}；另一种是关键字描述，即[top|center|bottom]||[left|center|right]，它们具体含义如下。

- [<百分比>|<长度>]{1,2}：使用确切的数字表示图像位置。使用时首先指定横向位置，接着是纵向位置。百分比和长度可以混合使用，设定为负值也是允许的。默认取值是 0%，0%。
- [top|center|bottom]||[left|center|right]: left、center、right 是横向的关键字，横向表示在横向上取 0%、50%、100%的位置；top、center、bottom 是纵向的关键字，纵向表示在纵向上取 0%、50%、100%的位置。

这个属性和 background-image 属性连在一起使用。

（7）复合属性：背景—background

背景 background 也是复合属性，它是一个更明确的背景关系属性的略写。

语法：background:取值。

这个属性是设置背景相关属性的一种快捷的综合写法，包括背景颜色 background-color、背景图片 background-image、重复设置 background-repeat、背景附加 background-attachment、背景位置 background-position 等，它们之间用空格相连。

（8）颜色及背景综合实例

【示例 3-6】 颜色及背景综合实例。

代码如下：

```
<html>
    <head>
        <style>
        <!--
        h2{color:#FF0000;background-color:#FFFF99;}
        .text{font-family:"宋体";color:#0000FF;}
        body{background-image:url(images/huashan.jpg);
        background-repeat:no-repeat;
        background-position:right bottom;}
        -->
        </style>
    </head>
    <body>
      <h2>西岳华山</h2><p>华山，古称"西岳"，是我国著名的五岳之一……</p>
    </body>
</html>
```

页面效果如图 3-5 所示。

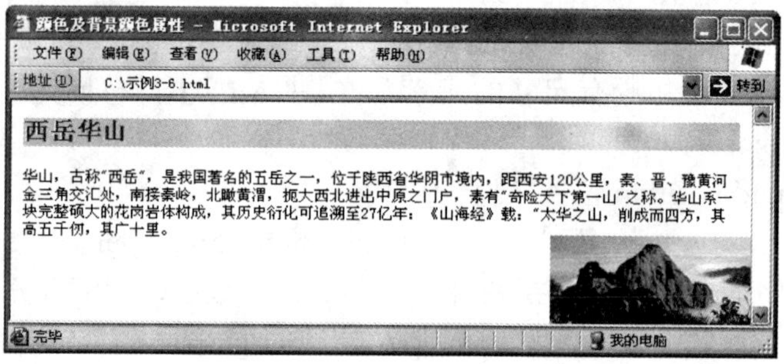

图 3-5　颜色与背景属性效果

说明：代码中的 body {…}样式可以简化为复合属性，代码如下：

```
body{background:url(images/huashan.jpg) no-repeat right bottom;}
```

3.3.3　文本属性

在 CSS 中，文本属性主要包含单词间隔、字符间隔、文字修饰等，下面进行详细的讲解。

（1）单词间隔—word-spacing

单词间隔用来定义附加在单词之间的间隔数量，但其取值必须符合长度格式。单词间隔的设置多用于英文文本。

语法：word-spacing:取值。

取值范围：normal|<长度>。

normal 是指正常的间隔，是默认选项；长度是设定单词间隔的数值及单位。

单词间隔的设置多用于英文文本中。

（2）字符间隔—letter-spacing

字符间隔和单词间隔类似，不同的是字符间隔用于设置字符的间隔数。

语法：letter-spacing:取值。

取值范围：normal|<长度>。

normal 是指正常的间隔，是默认选项；长度是设定单词间隔的数值及单位。

字符间隔的设置多用于英文文本中。

（3）文字修饰—text-decoration

文字修饰属性主要是用于对文本进行修饰，如设置下画线、删除线等。

语法：text-decoration:修饰值。

取值范围：none|［underline||overline||line-through||blink］。

说明：none 表示不对文本进行修饰，这是默认属性值；underline 表示对文字添加下画线；overline 表示对文本添加上画线；line-through 表示对文本添加删除线；blink 则表示文字闪烁效果，这一属性值只有在 Netscape 浏览器中才能正常显示。

（4）纵向排列—vertical-align

纵向排列属性也称为垂直对齐方式，它可以设置一个内部元素的纵向位置，相对于它的上级元素或相对于元素行。内部元素是没有行在其前和后断开的元素，例如，在 HTML 中 a 和 img。它主要用于对图像的纵向排列。

语法：vertical-align:排列取值。

取值范围：baseline|sub|super|top|text-top|middle|bottom|text-bottom|<百分比>。

说明：baseline 使元素和上级元素的基线对齐；sub 为下标；super 为上标；top 为使元素和行中最多的元素向上对齐；text-top 使元素和上级元素的字体向上对齐；middle 是纵向对齐元素基线加上上级元素的 x 高度的一半的中点，其中 x 高度是字母“x”的高度；text-bottom 使元素和上级元素的字体向下对齐。

影响相对于元素行的关键字有 top 和 bottom，其中，top 使元素和行中最高的元素向上对齐；bottom 使元素与行中最低的元素向下对齐。

百分比是一个相对于元素行高属性的百分比，它会在上级基线上增高元素基线的指定数量。这里允许使用负值，负值表示减少相应的数量。

（5）文本转换—text-transform

文本转换属性仅被用于用来转换英文文字的大小写。

语法：text-transform:转换值。

取值范围：none|capitalize|uppercase|lowercase。

说明：none 表示使用原始值；capitalize 使每个单词的第一个字母大写；uppercase 使每个单词的所有字母大写；lowercase 则使每个单词的所有字母小写。

（6）文本排列—text-align

文本排列属性能够使元素文本得到排列。这个属性的功能类似于 HTML 的段、标题和部分的 align。

语法：text-align:排列值。

取值范围：left|right|center|justify。

说明：left 为左对齐；right 为右对齐；center 为居中对齐；justify 为两端对齐。

（7）文本缩进—text-indent

文本缩进属性用于定义 HTML 中级元素（如 p，hl 等）的第一行可以接受的缩进数量，常用于设置段落的首行缩进。

语法：text-indent:缩进值。

说明：文本的缩进值必须是一个长度或一个百分比。若设定为百分比，则以上级元素的宽度而定。

（8）文本行高—line-height

行高属性用于控制文本基线之间的间隔值。

语法：line-height:行高值。

取值范围：normal|<数字>|<长度>|<百分比>。

说明：normal 表示默认的行高，一般由字体大小的属性自动产生；值为数字时，行高由元素字体大小的量与该数字相乘所得；长度属性则是直接使用数字和单位设置行高；值为百分比时，表示相对于元素字体大小的比例，不允许使用负值。

（9）处理空白—white-space

white-space 属性用于设置页面对象内空白（包括空格和换行等）的处理方式。默认情况下，HTML 中的连续多个空格会被合并成一个，而使用这一属性可以设置成其他的处理方式。

语法：white-space：值。

取值范围：normal|pre|nowrap。

说明：normal 是默认属性，即将连续的多个空格合并；pre 会导致源中的空格和换行符被保留，但这一选项只有在 IE 6 中才能正确显示；nowrap 则表示强制在同一行内显示所有文本，直到文本结束或者遇到
标记。

（10）文本属性综合实例

【示例 3-7】 文本综合属性设置。

代码如下：

```
<html>
    <head>
        <style>
        p{text-indent:2em; line-height:160%;}
        .t1{ vertical-align:super;}
        img{ vertical-align:middle;}
        </style>
    </head>
    <body>
    西岳华山：<img src="images/huashan.jpg"><br>
    <p>华山，古称"西岳"，是我国著名的五岳之一，位于陕西省华阴市境内，距西安 120 公
里，817<font class="t1">2</font>公里，秦、晋、豫黄河金三角交汇处，南接秦岭，北瞰黄渭……</p>
    </body>
</html>
```

页面效果如图 3-6 所示。

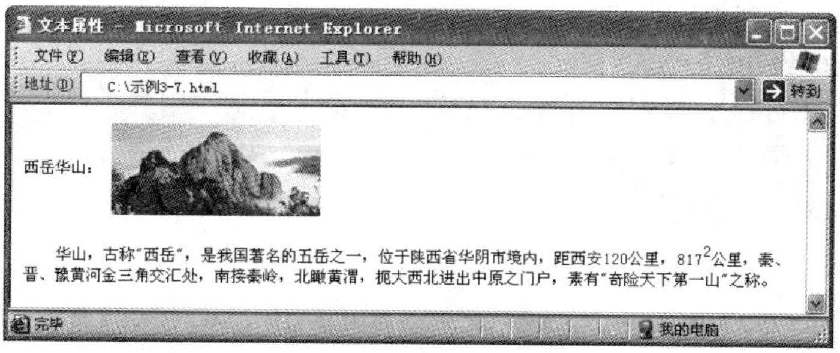

图 3-6 文本综合属性效果

3.4 边距、填充与边框属性

3.4.1 边距与填充属性

边距属性用于设置元素周围的边距宽度，主要包括上、下、左、右 4 个边距的距离设置。填充属性也称为补白属性，用于设置边框和元素内容之间的间隔数，同样包括上、下、左、右 4 个方向的填充值。

（1）顶端边距－margin-top

顶端边距属性也称为上边距，其中一个指定的长度或百分比值来设置元素的上边距。

语法：margin-top:边距值。

取值范围：长度值|百分比|auto。

说明：长度值相当于设置顶端的绝对边距值，包括数字和单位；百分比值则是设置相对于上级元素的宽度的百分比，允许使用负值；auto 是自动取边距值，即取元素的默认值。

（2）其他边距－margin-bottom、margin-left、margin-right

底端边距用于设置元素下方的边距值；左侧边距和右侧边距则分别用于设置元素左右两侧的边距值。其语法和使用方法同顶端边距类似。

（3）复合属性：边距－margin

与其他属性类似，边距属性是用于对 4 个边距设置的略写。

语法：margin:边距值。

取值范围：长度值|百分比|auto。

说明：margin 的值可以取 1 到 4 个，如果只设置了 1 个值，则应用于所有的 4 个边距；如果设置了 2 个或 3 个值，则省略的值与对边相等；如果设置了 4 个值，则按照上、右、下、左的顺序分别对应其边距。

（4）顶端填充－padding-top

顶端填充属性也称为上补白，即上边框和选择符内容之间的间隔数。

语法：padding-top:间隔值。

说明：间隔值可以设置为长度值或百分比。其中，百分比不能使用负值。

（5）其他填充－padding-bottom、padding-right、padding-left

其他填充属性是指底端、左右两侧的补白值，其语法和使用方法同顶端填充类似。

（6）复合属性：填充－padding

语法：padding:间隔值。

间隔值可以设置为长度值或百分比。其中，百分比不能使用负值。

（7）边距与填充属性综合实例

【示例 3-8】 边距与填充属性。

样式定义 CSS 代码如下：

```
body{padding-top:20pt;padding-right:30pt;padding-bottom:20pt;padding-left:30pt;}
p{color:#CC3300;font-size:9pt;line-height:160%;text-indent:2em;}
img{margin:10px 20px;}
```

CSS 样式调用。

HTML 代码如下：

```
<h2>西岳华山</h2>
<hr>
<p ><img src="images/huashan.jpg" width="200" align="left">华山，古称“西岳”，是我国著名的五岳之一，位于陕西省华阴市境内，距西安 120 公里，秦、晋、豫黄河金三角交汇处，南接秦岭，北瞰黄渭，扼大西北进出中原之门户，素有“奇险天下第一山”之称。……其高五千仞，其广十里。</p>
```

页面效果如图 3-7 所示。

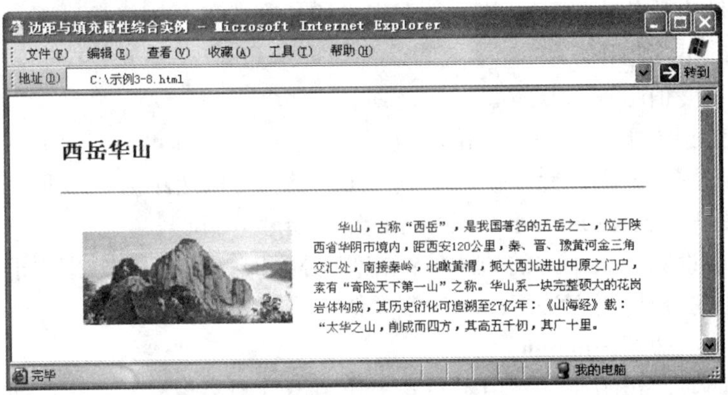

图 3-7　边距与填充属性页面效果

说明：代码 body{padding-top:20pt;padding-right:30pt;padding-bottom:20pt;padding-left:30pt;}可以简写为：

```
body{padding:20pt 30pt;}
```

3.4.2　边框属性

边框属性控制元素所占用空间的边缘。例如，可将文本格式和定位属性应用到<div>标记，然后应用边框属性以创建元素周围的框，并将其设置为远离主要文本。在边框属性中，可以设置边框宽度、边框样式、边框颜色等。而每一类都包含 5 个属性，例如边框宽度其实包含上边框宽度 border-top-width，右边框宽度 border-right-width，下边框宽度 border-bottom-width，左边框宽度 border-left-width 以及宽度属性 border-width 共 5 个具体的属性。边框属性中包含的具体属性如表 3-1 所示。

表 3-1　边框属性列表

属　　性	列　　表
border-top-width	设置上边框的宽度
border-right-width	设置右边框的宽度
border-bottom-width	设置下边框的宽度
border-left-width	设置左边框的宽度
border-width	复合属性，是设置边框宽度的 4 个属性的略写
border-top-color	设置上边框的颜色
border-right-color	设置右边框的颜色
border-bottom-color	设置下边框的颜色
border-left-color	设置左边框的颜色
border-color	复合属性，是设置边框颜色的 4 个属性的略写
border-top-style	设置上边框的样式
border-right-style	设置右边框的样式
border-bottom-style	设置下边框的样式
border-left-style	设置左边框的样式
border-style	复合属性，是设置边框样式的 4 个属性的略写
border-top	复合属性，设置上边框的宽度、颜色和样式
border-right	复合属性，设置右边框的宽度、颜色和样式
border-bottom	复合属性，设置下边框的宽度、颜色和样式
border-left	复合属性，设置左边框的宽度、颜色和样式
border	复合属性，相当于对上面所有属性的集合

由于边框属性的设置与边距、填充属性类似，为了便于理解和对比，每一种属性的上、下、左、右 4 个属性将会一并讲解。

（1）边框样式—border-style

边框样式属性用于定义边框的风格呈现样式，这个属性必须用于指定的边框。它可以对元素分别设置上边框样式（border-top-style）、下边框样式（border-bottom-style）、左边框样式（border-left-style）和右边框样式（border-right-style）4 个属性，也可以使用复合属性边框样式（border-style）对边框样式的设置进行略写。

语法：

border-style：样式值；

border-top-style：样式值；

border-right-style：样式值；

border-bottom-style：样式值；

border-left-style：样式值。

border-style 的值可以取 1 到 4 个，设置了 1 个值，应用于 4 个边框；设置了 2 个或 3 个值，省略的值与对边相同；设置了 4 个值，按照上、右、下、左的顺序。

样式值可以取的值共有 9 种，如表 3-2 所示。

表 3-2　边框样式取值含义

属　性	列　表
none	不显示边框，为默认属性值
dotted	点线
dashed	虚线
solid	实线
double	双实线
groove	边框带有立体感的沟槽
ridge	边框成脊形
inset	使整个方框凹陷，即在外框内嵌入一个立体边框
outset	使整个方框凹陷，即在外框外嵌入一个立体边框

注意：虽然这几个属性的取值范围相同，但是上、下、左、右 4 个具体的边框样式属性都是设置一个值，而符合属性 border-style 可以设置 1 到 4 个值来设置元素的边框样式，而其不同个数的取值其含义与复合属性边距 margin，填充属性 padding 类似。

（2）边框宽度－border-width

边框宽度用于设置元素边框的宽度值，其语法和用法都与边框样式的设置类似。

语法：

border-width：宽度值；

border-top-width：宽度值；

border-right-width：宽度值；

border-bottom-width：宽度值；

border-left-width：宽度值。

取值范围：thin|medium|thick|<长度>。

说明：这几个属性的取值范围是相同的，其中，medium 是默认宽度；thin 为小于默认值宽度，称为细边距；thick 大于默认值，称为粗边距；长度则是由数字和单位组成的长度值，不可为负值。

border-width 的值可以取 1 到 4 个，设置了 1 个值，应用于 4 个边框；设置了 2 个或 3 个值，省略的值与对边相同；设置了 4 个值，按照上、右、下、左的顺序。

（3）边框颜色－border-color

边框颜色属性用于定义边框的颜色，可以用 16 种颜色的关键字或 RGB 值来设置。可以对 4 个边框分别设置颜色，也可以使用复合属性 border-color 进行统一设置。对于使用边框颜色 border-color 属性，如果指定 1 种颜色，则表示 4 个边框是一种颜色；指定 2 种颜色，则定义顺序为上下、左右；指定 3 种颜色，顺序为上、左右、下；指定 4 种颜色，顺序则为上、右、下、左。

语法：

border-color：颜色值；
border-top-color：颜色值；
border-right-color：颜色值；
border-bottom-color：颜色值；
border-left-color：颜色值。

说明：border-color 的值可以取 1 到 4 个，设置了 1 个值，应用于 4 个边框；设置了 2 个或 3 个值，省略的值与对边相同；设置了 4 个值，按照上、右、下、左的顺序。

（4）边框复合属性－border

边框复合属性用来设置一个元素的边框宽度、样式和颜色。边框复合属性只能设置 4 种边框，它所包含的 5 种属性（即上、右、下、左 4 个边框属性和一个总的边框属性）都是复合属性，在使用中只能给出一组边框宽度和样式。

语法：

border:<边框宽度>||<边框样式>||<颜色>；
border-top:<上边框宽度>||<上边框样式>||<颜色>；
border-right:<右边框宽度>||<右边框样式>||<颜色>；
border-bottom:<下边框宽度>||<下边框样式>||<颜色>；
border-left:<左边框宽度>||<左边框样式>||<颜色>。

说明：在这些复合属性中，边框属性 border 能同时设置 4 种边框，也只能给出一组边框的宽度与样式。而其他边框属性（如左边框 border-left）只能给出某一个边框的属性，包括宽度、样式和颜色。

（5）边框属性综合实例

【示例 3-9】 边框属性综合实例。

CSS 样式定义代码如下：

```
p{line-height:160%;
  text-indent:2em;
  border-top:2px dotted #0000FF;
  border-right:1px solid #FF0000;
  border-bottom:3px dashed #00FF00;
  border-left:4px double #FF00FF;
  padding:10px;}
img{margin:10px;
  border:thin solid #000000;}
```

CSS 样式调用，HTML 代码如下：

```
<h2>西岳华山</h2>
<p ><img src="images/huashan.jpg" width="200" align="left">华山，古称“西岳”，是我国著名的五岳之一，位于陕西省华阴市境内，距西安 120 公里，秦、晋、豫黄河金三角交汇处，南接秦岭，北瞰黄渭，扼大西北进出中原之门户，素有“奇险天下第一山”之称。……其高五千仞，其广十里。</p>
```

页面效果如图 3-8 所示。

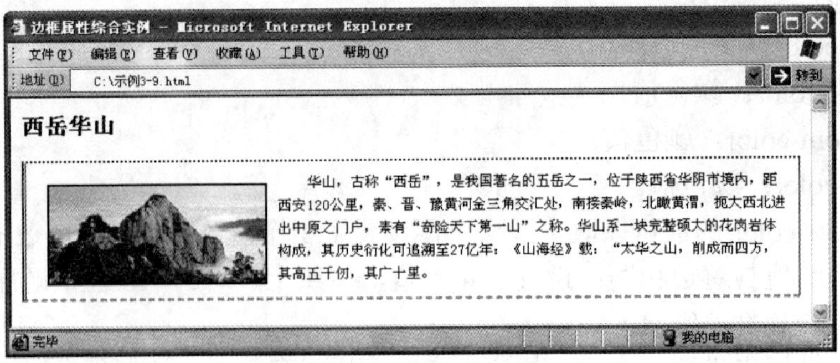

图 3-8　边框属性页面效果

3.5　列表属性

（1）列表符号—list-style-type

列表属性主要用于设置列表项的样式，包括符号、缩进等。

列表符号属性用于设定列表项的符号。

语法：list-style-type:<值>。

说明：可以设置多种符号作为列表项的符号，其具体取值范围如表 3-3 所示。

表 3-3　列表符号的取值

符号的取值	含　义
none	不显示任何项目符号或编码
disc	以实心圆形●作为项目符号
circle	以空心圆形○作为项目符号
square	以实心方块■作为项目符号
decimal	以普通阿拉伯数字 1、2、3……作为项目编号
lower-roman	以小写罗马数字 i 、ii 、iii……作为项目编号
upper-roman	以大写罗马数字 I 、II、III……作为项目编号
lower-alpha	以小写英文字母 a、b、c……作为项目编号
upper-alpha	以大写英文字母 A、B、C……作为项目编号

（2）图像符号—list-style-image

图像符号属性使用图像作为列表项目符号，以美化页面。

语法：list-style-image: none|url(图像地址)。

说明：none 表示不指定图像；url 则使用绝对或相对地址指定作为符号的图像。

（3）列表缩进—list-style-position

列表缩进属性用于设定列表缩进。

语法：list-style-position: outside|inside。

说明：outside 表示列表项目标记放置在文本以外，且环绕文本不根据标记对齐；inside 是列表的默认属性，表示列表项目标记放置在文本以内，且环绕文本根据标记对齐。

（4）复合属性：列表—list-style

列表样式 list-style 是以上 3 种列表属性的组合。

此属性是设定列表样式的快捷的综合写法。用这个属性可以同时设置列表样式类型属性（list-style-type），列表样式位置属性（list-style-position）和列表样式图片属性（list-style-image）。

（5）列表属性综合实例

【示例 3-10】 列表属性。

样式定义 CSS 代码如下：

```
ol{list-style-type:square;
  list-style-image:url("images/arrow.gif");
  list-style-position:outside;
  }
```

CSS 样式调用，HTML 代码如下：

```
<h2>五岳——中国五大名山</h2>
<ol>
    <li>东岳泰山（海拔 1545 米）， 位于山东省泰安市</li>
    <li>西岳华山（海拔 2154.9 米），位于陕西省华阴市</li>
    <li>北岳恒山（海拔 2016.1 米），位于山西省浑源县</li>
    <li>中岳嵩山（海拔 1491.7 米），位于河南省登封市</li>
    <li>南岳衡山（海拔 1290 米），位于湖南省衡阳市</li>
</ol>
```

页面效果如图 3-9 所示。

说明：页面中的列表属性也可使用一行复合属性来描述，代码如下。

```
list-style:square outside url(images/arrow.gif)
```

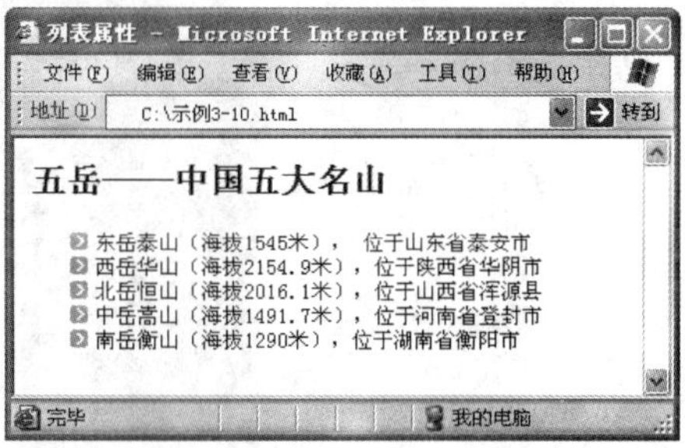

图 3-9 边框属性页面效果

3.6 CSS 布局基础

3.6.1 盒模型

盒模型（Box Model）是从 CSS 诞生之时便产生的一个概念，是关系到设计中排版定位的关键问题，任何一个块级元素都遵循盒模型。现在通过实例来理解盒模型理论。

【示例 3-11】 向一个网页添加一个 DIV 对象，在该对象内插入图像 writing.jpg，样式代码如下：

```
#div1 {  width: 260px;                    /*设置 div 的宽度*/
         height: 260px;                   /*设置 div 的高度*/
         margin:30px 50px;                /*设置边界复合属性*/
         padding: 50px 15px;              /*设置填充复合属性*/
```

```
border: 10px solid #990000;                    /*设置边框复合属性*/
background: #66FFFF url(pic/bg.jpg) repeat}    /*设置背景复合属性*/
```

CSS 样式编辑完成后，网页效果如图 3-10 所示。

图 3-10　网页预览效果

所谓盒模型，就是把每个 HTML 元素看做装了东西的盒子，盒子里面的内容到盒子的边框之间的距离即为填充（padding），盒子本身有边框（border），而盒子边框外和其他盒子之间还有边距（margin），如图 3-11 所示。

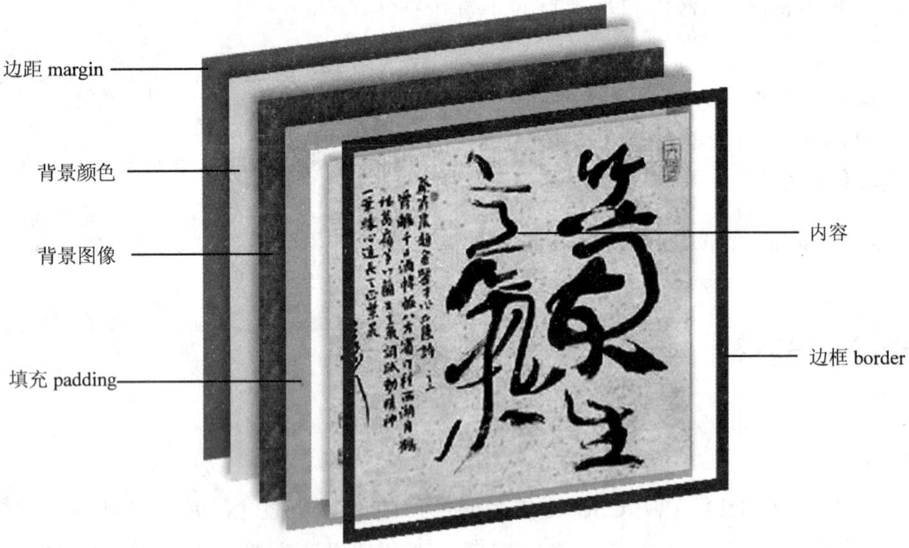

图 3-11　盒模型结构图

CSS 代码中的宽和高，指的是填充以内的内容范围。因此，可以得到以下结论：一个元素的实际宽度=左边距+左边框+左填充+内容宽度+右填充+右边框+右边距，其实际的宽度，计算如图 3-12 所示。

注意：盒模型有一个缺陷，就是浏览器的兼容问题。对于 IE 5.5 以前的版本中盒对象的宽度（width）为元素的内容、填充和边框三者之和。因为这个问题，导致许多使用盒模型布局的网站出现浏览器的不兼容现象。

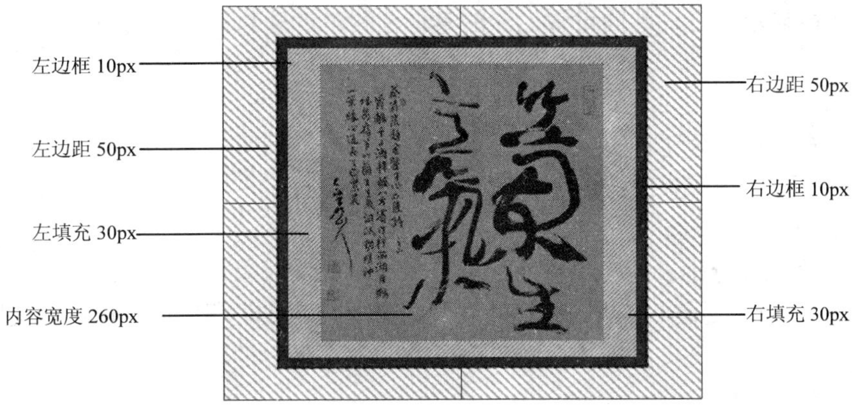

图 3-12　元素总宽度的计算

3.6.2　CSS 布局元素类型

块级元素。块级元素一般是其他元素的容器元素，块级元素都从新行开始，它们可以容纳内联元素和其他元素，如段落、标题、列表、表格、DIV 等元素都是块级元素。

内联元素。如 a、em、span 元素及大多数的替换元素，它们不必在新行显示也不要求在其他元素的新行显示，可作为其他任何元素的子元素。

列表元素。在 HTML 内置有 li 默认为此类元素。

隐藏元素。在 display 属性的 4 个值中，除了 block、inline 和 list-item 之外，还有一个值 none。当设置为“display:none”时，浏览器会完全隐藏这个元素，则该元素不会被显示。

3.6.3　定位及尺寸属性

定位属性控制网页所显示的整个元素的位置。定位属性主要通过相对定位和绝对定位两种方式定位。相对定位是指允许元素在相对于文档布局的原始位置上进行偏移，而绝对定位允许元素与原始的文档布局分离且任意定位。定位属性主要包括定位方式、层叠顺序等。

（1）定位方式—position

定位方式属性用于设定浏览器应如何来定位 HTML 元素。

语法：position：static | absolute | fixed | relative。

说明：static 表示无特殊定位，是默认取值，它会按照普通顺序生成，就如它在 HTML 中的出现顺序一样；absolute 表示采用绝对定位，要同时使用 left、top、right、bottom 等属性进行绝对定位，而其层叠通过 z-index 属性定义，此时对象不具有边距，但仍有填充和边框；fixed 表示当页面滚动时，元素保持在浏览器视区内；relative 表示采用相对定位，对象不可层叠，但将依据 left、top、right、bottom 等属性设置在页面中的偏移位置。

注意：当使用 absolute（绝对）定位元素时，该元素就被当做一个矩形覆盖物来格式化，格式化后的矩形区域就变成了一个可以放置其他 HTML 元素的容器，这个容器也就是层元素，它可以凌驾于 HTML 文档的布局之上，区域下面的文字和图形永远也无法环绕和透过该容器显示出来。

（2）元素位置－top、right、bottom、left

元素位置属性与定位方式共同设置元素的具体位置。

语法：

top：auto|长度值|百分比；

right：auto|长度值|百分比；

bottom：auto|长度值|百分比；

left：auto|长度值|百分比。

说明：这 4 个属性分别表示对象与其最近一个定位的父对象顶部、右部、底部和左部的相对位置，其中，auto 表示采用默认值，长度值则需要包含数字和单位，也可以使用百分数进行设置。

（3）层叠顺序－z-index

层叠顺序属性用于设定层的先后顺序和覆盖关系，z-index 高的层覆盖 z-index 低的层。

语法：z-index: auto|数字。

说明：一般情况下，z-index 值为 1，表示该层位于最下层。

（4）浮动属性－float

浮动属性也称为漂浮属性，用于某元素的浮动情况。它的功能相当于 img 元素的 align=left 和 align=right，但是 float 能应用于所有的块级元素，而不仅是图像和表格。

语法：float:left|right|none|inherit。

说明：在该语法中，left 表示元素向左漂浮；right 表示元素向右漂浮；none 属于默认值，表示对象不浮动；inherit 表示从父元素继承 float 属性的值。

（5）清除属性－clear

清除属性指定一个元素是否允许有其他元素漂浮在它的周围。

语法：clear: none|left|right|both。

说明：none 表示允许两边都可以有浮动对象；left 表示不允许左边有浮动对象；right 表示不允许右边有浮动对象；both 则表示完全不允许有浮动对象。

（6）可见属性－visibility

可见属性用于设定嵌套层的显示属性，此属性可以将嵌套层隐藏，但仍然为隐藏对象保留其占据的物理空间。如果希望对象为可视，其父对象也必须是可视。

语法：visibility：inherit|visible|hidden。

说明：在该语法中，inherit 表示继承上一个父对象的可见性，即如果父对象可见，则该对象也可见，反之则不可见；visible 表示对象是可见的；hidden 表示对象隐藏。

3.7 常用布局结构

3.7.1 单行单列结构

单行单列结构是所有网页布局的基础，也是最简单的布局形式。

（1）宽度固定

宽度固定主要是设置 DIV 对象的 width 属性，【示例 3-11】中的 DIV 标记就属于宽度固定的标记，DIV 在默认状态下，宽度将占据整行的空间。由于设置了布局对象的宽度属性为“width：260px”，高度属性为“height：260px”，因此这是一种固定宽度的布局。

（2）宽度自适应

自适应布局能够根据浏览器窗口的大小，自动改变其宽度或高度，是一种非常灵活的布局形式。自适应布局网站对于不同分辨率的显示器都能提供最好的显示效果。

单列宽度自适应布局只需要将宽度由固定值改为百分比值的形式即可。例如将【示例 3-11】中的代码中“width:260px”修改为“width:75%”，可以浏览测试效果。

（3）单列居中

上述例子的特点是 DIV 位于左上方，宽度固定或自适应。在网页设计中经常见到的形式是网页整体居中，在传统的表格布局方式中，使用 align="center"可以实现表格的居中。使用 CSS 的方法也能够实现内容的居中，但只是方法不同。

【示例 3-12】 单列居中，Divtest1 的 CSS 代码如下：

```
#Divtest1 { height: 80px;               /*设置 div 的宽度*/
            width:200px;                /*设置 div 的高度*/
            background-color:#FFCC00;   /*设置 div 的背景颜色*/
            margin-top: 0px;            /*设置 div 的上部边界*/
            margin-right: auto;         /*设置 div 的右部边界为自动*/
            margin-bottom: 0px;         /*设置 div 的下部边界*/
            margin-left: auto; }        /*设置 div 的左部边界为自动*/
```

预览效果如图 3-13 所示。

图 3-13 单列居中的效果预览

说明：代码中 margin-top: 0px; margin-right: auto; margin-bottom: 0px; margin-left: auto;可以简写为：margin:0 auto。

3.7.2 二列布局结构

（1）二列固定宽度

对于二列式布局与单列布局类似，只不过需要两个 DIV 标记和两个 CSS 样式。利用 float 属性来实现两列式布局。

【示例 3-13】 二列固定宽度，DIV 元素的 CSS 代码如下：

```
#divleft {float:left;                  /*设置左浮动*/
        height:150px;                   /*设置 div 的高度*/
        width:150px;                    /*设置 div 的宽度*/
        border:10px solid #CCFF00;      /*设置 div 的边框复合属性*/
        background-color: #F2FAD1;}     /*设置 div 的背景颜色*/
#divright {float:left;                  /*设置左浮动*/
         height: 150px;                 /*设置 div 的高度*/
         width: 150px;                  /*设置 div 的宽度*/
         border: 10px solid #00FFCC;    /*设置 div 的边框复合属性*/
         background-color: #FFFF00;}    /*设置 div 的背景颜色*/
```

在<body>中插入两个 DIV 标记，代码如下：

<div id="divleft">此处显示 id "divleft"的内容</div>；

<div id="divright">此处显示 id "divright"的内容</div>。

将上述两个样式表分别应用于两个 DIV 对象，如图 3-14 所示。

#divleft 和#divright 两个样式都使用了浮动（float）属性，该属性的值指出了对象是否浮动以及如何浮动。float 为 none 时表示不浮动，而使用 left 时，对象向左浮动，因此对于第 2 个 DIV 来说，将向左浮动，即漂浮到第 1 个 DIV 对象的右侧。使用 right 时，对象将向右浮动。如果将#divright 的 float 值设置为 right，将使得#divright 对象浮动到网页的右侧，而#divleft 对象由于设置了“float:left”属性而浮动到了网页的左侧，如图 3-15 所示。

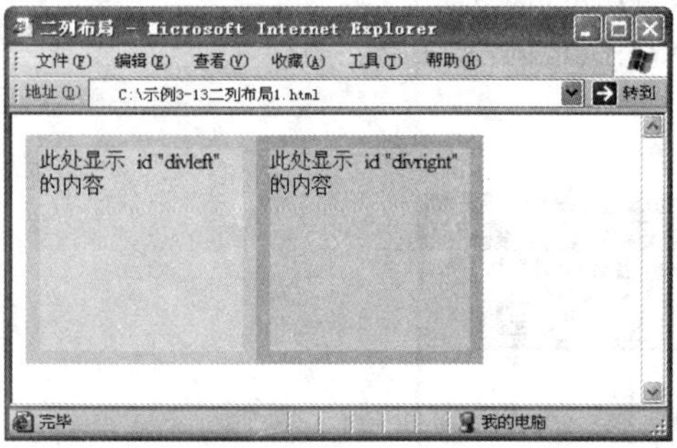

图 3-14 分别将两个样式应用于两个 DIV 对象

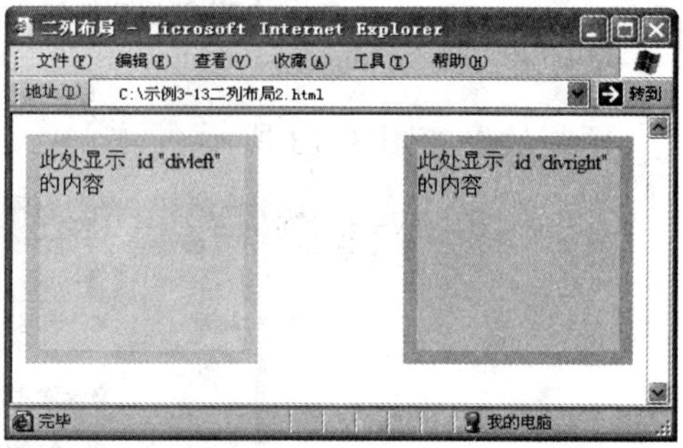

图 3-15 两个元素的不同漂浮效果

如果结合 margin 属性，调整两个布局块之间的距离。在样式#divleft 和#divright 中添加“margin:10px”，则第 2 个 DIV 和第 1 个 DIV 之间会保留 20px 的距离，如图 3-16 所示。

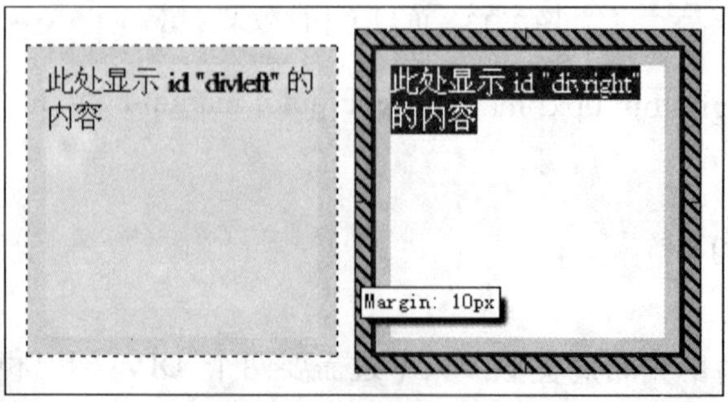

图 3-16 对 divleft 和 divright 设置 margin 属性后的效果

如果没有设置 margin 属性，则由于设置了“float:left”的属性，第 2 个 DIV 会紧紧贴着第 1 个 DIV 对象，自行参考【示例 3-13】，浏览效果如图 3-14 所示。

此外，如果上下两个层之间放在一起时，两个层的边距（margin）将会出现合并，最终将以较大的边距为准。

（2）二列自适应宽度

对于二列式布局方式，除了固定宽度，还可以像表格一样做到自适应宽度。从单列自适应布局中可以看出，将宽度值设定成百分比即可实现自适应。

【示例 3-14】 二列自适应宽度，DIV 元素的 CSS 代码如下：

```
#divleft {float:left;                    /*设置左浮动*/
        width: 30%;                      /*设置 div 的宽度，百分比描述*/
        height: 150px;                   /*设置 div 的高度*/
        margin:10px;                     /*设置 div 的边界*/
        border: 10px solid #CCFF00;      /*设置 div 的边框复合属性*/
        background-color: #F2FAD1;}      /*设置 div 的背景颜色*/
#divright {float:right;                  /*设置右浮动*/
        width: 50%;                      /*设置 div 的宽度，百分比描述*/
        height: 150px;                   /*设置 div 的高度*/
        margin:10px;                     /*设置 div 的边界*/
        border: 10px solid #00FFCC;      /*设置 div 的边框复合属性*/
        background-color: #FFFF00;}      /*设置 div 的背景颜色*/
```

左栏设置宽度为 30%，右栏设置宽度为 50%。这种二分法是常见的一种网页布局结构，左侧一般是导航，右侧是内容，如图 3-17 所示。

上面的结构采用百分比宽度，但是没有占满整个浏览器窗口。如果将右栏的宽度设置为 70%，那么右栏将被挤到第 2 行，从而就失去了左右分栏的效果，如图 3-18 所示。

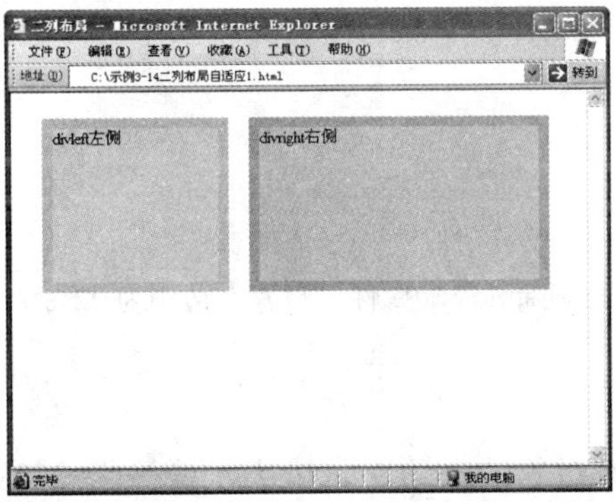

图 3-17 采用百分比宽度的二列布局的布局效果

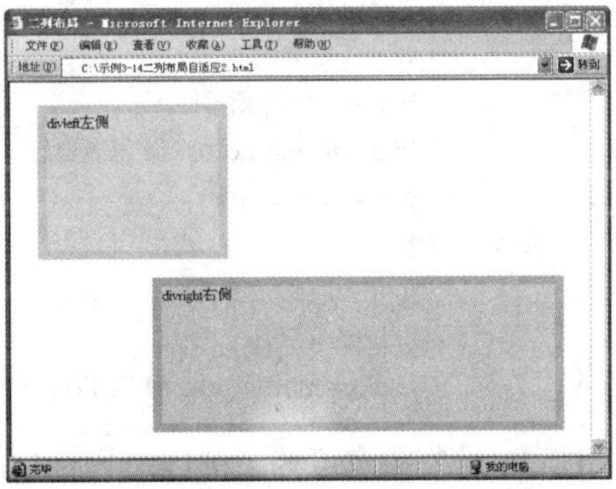

图 3-18 右栏被挤到第 2 行

这个问题的原因是由 CSS 盒模型引起的。在 CSS 布局中，一个对象的真实宽度是由对象的宽度、左右填充、左右边框、左右边距相加组成的。因此，左栏的宽度不仅是浏览器窗口宽度的 30%，还应当加上左右填充、左右边框、左右边距。右栏的宽度也应当是浏览器窗口的 70%，加上左右填充、左右边框、左右边距。因此最终的宽度超过了浏览器窗口的宽度，从而使右栏被挤到了第 2 行显示。

在实际使用中，如果要达到满屏效果，简单的办法就是避免使用边框和边距距性，【示例 3-14】二列布局自适应 3.html”的 CSS 代码如下：

```
#divleft {                                    /*删除边距属性，保留其他样式*/
        float:left;
        width: 30%;
        height: 150px;
        background-color: #F2FAD1;}
#divright {                                   /*删除边距属性，保留其他样式*/
        float:right;
        width: 70%;
        height: 150px;
        background-color: #FFFF00;}
```

使用上述代码后，即可实现二列布局自适应且左右与浏览器填满的效果，如图 3-19 所示。

图 3-19　二列自适应且左右与浏览器填满

利用 CSS 定位属性也可以实现两列的自适应布局，【示例 3-14】二列布局自适应 4.html 的 CSS 代码如下：

```
#divleft {
        float:left;
        width: 20%;
        height: 150px;
        background-color: #F2FAD1;
        position:relative;}
#divright {
        margin-left:22%;                      /*删除其浮动属性，设置左边距为 22%*/
        height: 150px;
        background-color: #FFFF00;}
```

#divleft 对象的宽度为 20%，只需要让#divright 对象的左边距宽度大于或等于 20%就可以了。上述代码中“margin-left:22%”正是设置#divright 的左边距为 22%，如图 3-20 所示。

图 3-20　设置#divright 的左边界为 22%

二列自适应宽度布局的实际预览效果如图 3-21 所示。

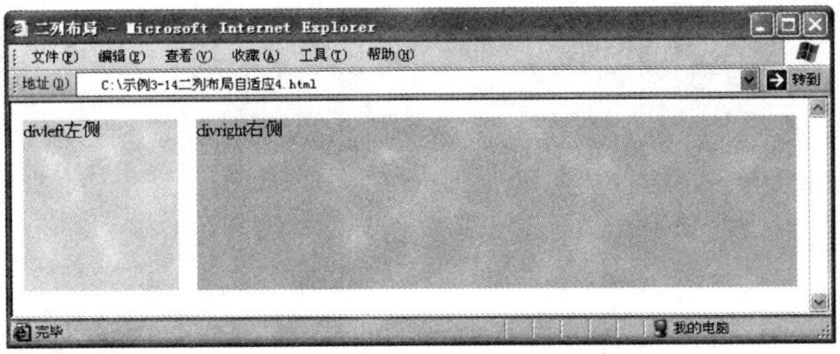

图 3-21　二列自适应宽度预览效果

（3）左列固定、右列宽度自适应

前面学习了两列宽度均为百分比值，从而实现了两列宽度自适应。在实际使用时，有时需要左栏固定，右栏根据浏览窗口的大小自动适应。实现的方法很简单，只需要将左栏宽度设置为固定值，右栏不设置任何宽度值，并且右栏不浮动。

【示例 3-15】 左列固定，右列宽度自适应，DIV 元素的 CSS 代码如下：

```
#divleft {float:left;
          height: 150px;
          width:150px;
          border: 10px solid #CCFF00;
          margin: 10px;
          background-color: #F2FAD1;}
#divright {height: 150px;
           margin: 10px;
           border: 10px solid #CCFF00;
           background-color: #FFFF00;}
```

使用上述代码后，左栏宽度固定为 150px，而右栏将根据浏览器窗口的大小自动适应，如图 3-22 所示。

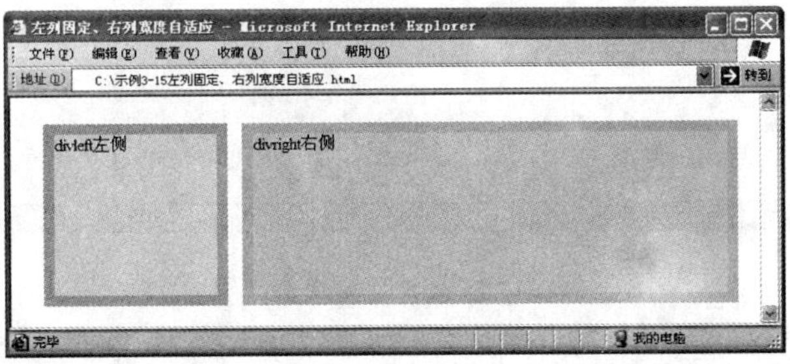

图 3-22　左列固定、右列宽度自适应预览效果

（4）二列固定宽度居中

在 CSS 代码中使用边框属性“margin:0px auto;”即可实现一个 DIV 对象居中显示。

那么，在两分栏结构中，需要控制左分栏的左边距和右分栏的右边距相等。这时候需要利用 DIV 的嵌套设计来完成。

使用一个 DIV 作为容器，将两列分栏的两个 DIV 放入一个 id 为 layout 的 DIV 布局对象中，从而能够实现两列居中显示。

【示例 3-16】 二列固定宽度居中，3 个 DIV 元素嵌套结构 HTML 代码如下：

```
<div id="layout">
    <div id="divleft">divleft 左栏</div>
    <div id="divright">divright 右栏</div>
</div>
```

上述的 3 个 DIV 元素的 CSS 样式代码如下：

```
#layout {width: 500px;                         /*设置 div 的宽度*/
          margin:0px auto ;}                   /*设置 div 的居中*/
#divleft {float:left;                          /*设置 div 的左浮动*/
          width: 100px;                        /*设置 div 的宽度*/
          height: 150px;                       /*设置 div 的高度*/
          border: 10px solid #CCFF00;          /*设置 div 的边框*/
          background-color: #F2FAD1;}          /*设置 div 的背景颜色*/
#divright {float:left;                         /*设置 div 的左浮动*/
          width:360px;                         /*设置 div 的宽度*/
          height: 150px;                       /*设置 div 的高度*/
          border: 10px solid #CCFF00;          /*设置 div 的边框*/
          background-color: #FFFF00;}          /*设置 div 的背景颜色*/
```

这里通过“margin:0xp auto”设置“#layout”的居中属性，从而使里面的内容也居中。根据盒模型理论，一个对象的实际宽度由对象的宽度、左右边距、左右边框、左右填充相加而成，所以“#layout”的宽度设置为 500px，即“100px+360px+20px+20px=500px”。布局的预览效果如图 3-23 所示。

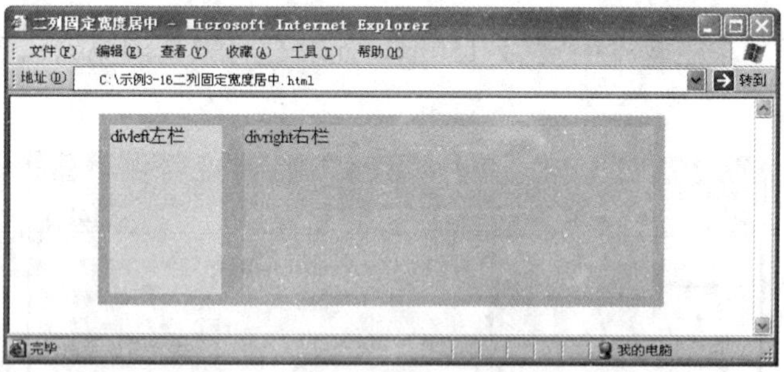

图 3-23 二列固定宽度居中预览效果

3.8 实例：DIV+CSS 布局网站

3.8.1 学习目标

1）掌握 CSS 的引用、分类方式。

2）掌握各类元素 CSS 设置与盒模型的应用。

3）掌握 DIV+CSS 页面布局的方法。

3.8.2 实例介绍

使用 DIV+CSS 布局页面。

3.8.3 实施过程

（1）网站结构设计

书法家庄辉网站结构设计示意图如图 3-24 所示。

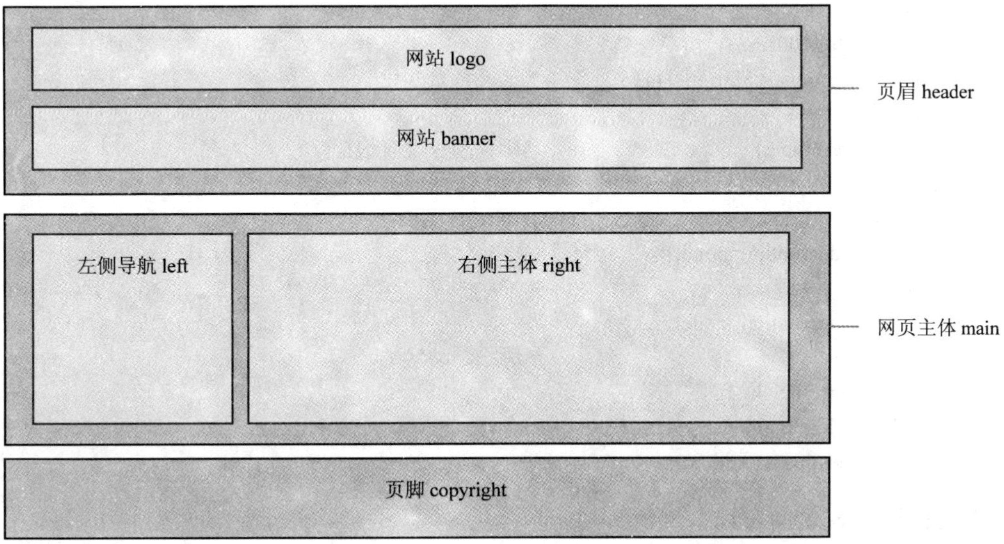

图 3-24　网站 DIV 结构布局示意图

（2）网站头部信息与基础样式的制作

首先制作页面头部信息，主要包括页面标题等，其代码程序如下：

```
<!DOCTYPE html PUBLIC "-//W3C//DTD XHTML 1.0 Transitional//EN" "http://www.w3.org/TR/xhtml1/DTD/xhtml1-transitional.dtd">
<html xmlns="http://www.w3.org/1999/xhtml">
    <head>
    <meta name="robots" content="all" />
    <meta name="author" content="HTML 爱好者" />
    <meta name="Copyright" content="无名山人" />
    <meta http-equiv="Content-Type" content="text/html; charset=gb2312" />
    <meta name="description" content="本站为书法家庄辉个人作品展示网站" />
    <meta name="keywords" content="书法家庄辉，无名山人，书法作品" />
    <title>书法家庄辉个人作品展示网</title>
    <link href="style/main.css" type="text/css" rel="stylesheet" />
    <bgsound src="sound/gsls.mp3" autostart=true loop="-1" hidden=true>
    </head>
```

接下来制作页面的基础样式，其代码如下所示。

```
*{                                  /*基础样式*/
    margin: 0px;                    /*取消了可能存在兼容问题的因素的补白和边距*/
    padding: 0px;
    font-family: 宋体;              /*定义使用的字体*/
    color:#fff;
    font-size:12px;
    line-height:160%;
    list-style-type: none;
    text-decoration: none;}
body{
    height: 100%;
    background-color:#6D4418;}     /*定义背景颜色*/
img{
    border:none;}                   /*所有图片没有边框*/
a {                                 /*定义页面链接的样式*/
    color: #FC3;
    text-decoration: none;}
a:hover {
    text-decoration: underline;}
.clear{                             /*清除浮动*/
        line-height:1px;
        clear:both;
        visibility:hidden;}
```

（3）主页 CSS 页面布局

1）主页结构制作。

主页直接放置一个 DIV 标记即可，核心代码如下：

```
<div id="mainweb"><img src="images/index.gif"/></div>
```

2）主页 CSS 代码的编写。

```
#mainweb{
    width:984px;                /*div 的大小*/
    height:600px;
    margin:0 auto;              /*div 的水平居中*/
    border:1px solid #FC3;}     /*div 边框的设置*/
```

（4）个人介绍页面的 CSS 页面布局

个人介绍页面的设计主要分为 3 部分：网页页眉 header，主体 main 和页脚 copyright。

1）网页页眉部分的结构。

网页头部主要采用 DIV 标记嵌套的方式进行设计，代码如下：

```
<div id="header">
    <div id="logo"></div>
```

```
    <div id="banner">
        <embed src="flash/banner4.swf" width="996" height="185" loop="true"></embed>
    </div>
</div>
```

2）网页页眉部分的 CSS 代码的编写。

网页页眉部分的 CSS 样式设计，代码如下：

```
#header{                                          /*header 的样式*/
        width:996px;                              /* header 的大小设置*/
        height:250px;
        border:1px solid #FC3;                    /* header 的边框设置*/
        margin:10px auto 0px auto;}               /* header 的水平居中设置*/
#logo{                                            /* logo 的样式 */
        height:65px;                              /* logo 的高度设置*/
        background: #6D4418 url(../images/logo.gif) no-repeat;}  /* 背景图像，不重复*/
#banner{                                          /* banner 的样式 */
        width:996px;                              /* banner 的大小设置*/
        height:185px;}
```

3）网页主体部分的结构。

网页主体部分的结构，采用 DIV 标记嵌套的方式进行设计，代码如下：

```
<div id="main">
    <div id="left"></div>
    <div id="right"> </div>
</div>
```

4）网页主体部的 CSS 代码的编写。

网页主体部分的 CSS 样式设计，代码如下：

```
#main{                                /*网页主体 main 的样式*/
      width:996px;                    /*main 的大小设置*/
      border-left:1px solid #FC3;     /*main 的左边框设置*/
      border-right:1px solid #FC3;    /*main 的右边框设置*/
      margin:0px auto;}               /*main 的水平居中设置*/
#left{                                /*网页主体 left 的样式*/
      float:left;                     /*left 的左浮动设置*/
      width:180px;}                   /*left 的宽度设置*/
#right{                               /*网页主体 right 的样式*/
      float:left;                     /*right 的左填充设置*/
      padding-left:10px;              /*right 的大小设置*/
      width:795px;
      height:100%;
      border-left:1px solid #FC3;}    /*right 的左边框设置*/
```

5）页面主体中 left 部分的导航结构编码。

左侧导航采用列表实现，结构代码如下：

```
<ol>
	<li> <a href="index.html">网站首页</a></li>
	<li> <a href="grjj.html">个人简介</a></li>
	<li> <a href="sfzp.html">书法作品</a></li>
	<li> <a href="ghzp.html">国画作品</a></li>
	<li> <a href="kszp.html">楷书作品</a></li>
	<li> <a href="zszp.html">篆书作品</a></li>
	<li> <a href="cszp.html">草书作品</a></li>
	<li> <a href="xczp.html">行草作品</a></li>
	<li> <a href="smzp.html">扇面作品</a></li>
	<li> <a href="lxfs.html">联系方式</a></li>
	<li> <a href="ddxx.html">订单信息</a></li>
	<li> <a href="pjxx.html">作品评价</a></li>
</ol>
```

6）页面主体中 left 部分的导航 CSS 样式编码。

左侧导航的列表控制代码如下：

```
#left ol{                                                    /*网页导航结构样式设置*/
	margin:20px 0px 20px 70px; }                             /*左侧边距设置*/
#left li{                                                    /*网页导航结构列表项设置*/
	list-style:square outside url(../images/dot.jpg);        /*列表样式设置*/
	line-height:22px;      }                                 /*列表项行高设置*/
```

7）页面主体中 right 部分的内容结构编码。

右侧网页内容部分的结构代码如下：

```
<div id="right">
	<div id="fonttitle">书法作品-个人简介</div>
	<div id="content">
	  <img src="images/grjs.jpg" width="260" height="180" class="img1"> 庄辉，号无名山人……
	</div>
</div>
```

8）页面主体中 right 部分的 CSS 样式编码。

网页内容部分的 CSS 代码如下：

```
#content{                                       /*主体部分内容信息样式*/
		margin-top:10px;                        /*主体部分上部边距*/
		line-height:25px;}                      /*主体部分内容信息行高*/
#content img{                                   /*主体部分内容图片设置*/
			float:left;                         /*图片的左漂浮*/
			margin:0px 20px;}                   /*图片的边距设置*/
```

9）页脚版权信息的结构编码。

页脚版权信息的 HTML 代码如下：

```
<div id="copyright">  版权所有：淮安书画院书法家庄辉<br>
```

```
    建议分辨率：800&times;600 以上分辨率 IE4.0 以上版本浏览器
</div>
```

10）页面版权信息的 CSS 样式编码。

网页版权信息的 CSS 代码如下：

```
#copyright{                                   /*版权信息部分的样式设置*/
        width:996px;                          /*版权信息内容的大小*/
        height:50px;
        border:1px solid #FC3;                /*版权信息的的边框设置*/
        text-align:center;                    /*文本的居中设置*/
        padding-top:20px;                     /*版权信息的上部填充设置*/
        margin:0px auto;}                     /*版权信息的水平居中设置*/
```

最终效果如图 3-25 所示。

图 3-25　CSS 布局后的个人介绍页面效果

3.8.4　实例拓展

1．CSS 导航菜单的制作

（1）定义使用 DIV 的文档结构

```
<div class="menu1">
     <div class="center1">
        <a href="#">网站首页</a>
        <a href="#">国画作品</a>
        <a href="#">书法作品</a>
        <a href="#">个人简介</a>
        <a href="#">联系方式</a>
     </div>
</div>
```

（2）定义使用与其对应的 CSS 样式

```
a{display:block;
        float:left;}
div    {width:550px;
        text-align:left;
        margin:auto;}
.menu1{font-size:14px;
          line-height:14px;
          margin-bottom:30px;}
.menu1 .center1{
        width:542px;
        height:44px;
        background:url("image/bg1a.jpg") repeat-x left top;
        float:left;}
.menu1 a:link,.menu1 a:visited{
        height:34px;
        width:82px;
        color:#FFF;
        background:url("image/bg1a.jpg") repeat-x left top;
        text-decoration:none;
        padding:14px 0px 0px 0px;
        text-align:center;}
.menu1 a:hover,.menu1 a:active{
        background:url("image/bg1b.jpg") repeat-x left top;}
```

最终效果如图 3-26 所示，鼠标放在超链接上后的效果如图 3-27 所示。

图 3-26　CSS 定义的水平导航条效果

图 3-27　鼠标放在导航条上后的效果

2．针对 IE 浏览器版本的兼容性

前面曾介绍过，CSS 在不同的浏览器中会出现不同的效果。对于 IE 浏览器，可以通过使用只有 IE 浏览器可以识别的 HTML 注释语句来应用不同的外部样式表，例如：

```
<!-- [if   IE 5] -->
   <link rel="stylesheet" href="ie5.css" type="text/css">
<!-- [endif] -->
```

IE 浏览器将会解释为，如果为 IE 5，则应用 ie5.css 文件。其他使用的语句有：

<!-- [if gt IE 5] -->　　表示高于 IE5 版本；

<!-- [if gte IE 5] --> 表示高于或等于 IE5 版本；

<!-- [if lt IE 6] --> 表示小于 IE6 版本；

<!-- [if lte IE 6] --> 表示小于或等于 IE6 版本；

<!-- [if !(IE 6)] --> 表示不等于 IE6 版本；

由于该语句符合 HTML 注释语句的格式<!--……-->，因此，里面的内容将被 IE 以外的浏览器忽略。

3.9 习题

1）CSS 是利用 HTML 标记（　　）来构建网页布局的。

A．<dir>　B．<div>　C．<dis>　D．<dif>

2）在 CSS 语言中“左边框”的语法是（　　）。

A．border-left-width: <值>　B．border-top-width: <值>

C．border-left: <值>　D．border-top: <值>

3）在 CSS 语言中（　　）的适用对象是“所有对象”。

A．背景附件　B．文本排列　C．纵向排列　D．文本缩进

4）下列选项中不属于 CSS 文本属性的是（　　）。

A．font-size　B．text-transform　C．text-align　D．line-height

5）在 CSS 中不属于添加在当前页面的形式是（　　）。

A．行内样式表　B．内部样式表　C．导入样式表　D．链接式样式表

6）在 CSS 语言中“列表样式图像”的语法是（　　）。

A．width: <值>　B．height: <值>

C．white-space: <值>　D．list-style-image: <值>

7）下列 CSS 语法构成正确的是（　　）。

A．body:color=black　B．{body;color:black}

C．body {color: black;}　D．{body:color=black}

8）下面用来更改背景颜色的 CSS 属性是（　　）。

A．background-color:　B．bgcolor:

C．color:　D．text:

9）下列能给所有的<h1>标记添加背景颜色的是（　　）。

A．.h1 {background-color:#FFFFFF}　B．h1 {background-color:#FFFFFF;}

C．h1.all {background-color:#FFFFFF}　D．#h1 {background-color:#FFFFFF}

10）下列 CSS 属性中可以更改样式表的字体颜色的是（　　）。

A．text-color=　B．fgcolor:　C．text-color:　D．color:

11）下列 CSS 属性中可以更改样式表的字体大小的是（　　）。

A．text-size　B．font-size　C．text-style　D．.font-style

12）下列代码能够定义所有<p>标记内文字加粗的是（　　）。

A．<p style="text-size:bold">　B．<p style="font-size:bold">

C．p {text-size:bold}　D．p {font-weight:bold}

第 4 章　JavaScript 语言基础

4.1　关键字和标识符

4.1.1　关键字

JavaScript 关键字（Reserved Words）是指在 JavaScript 语言中有特殊含义，成为 JavaScript 语法中一部分的那些字。JavaScript 关键字不能作为变量名或者函数名使用。使用 JavaScript 关键字作为变量名或函数名，会使 JavaScript 在载入的过程中出现编译的错误。JavaScript 的关键字如表 4-1 所示。

表 4-1　JavaScript 的关键字

abstract	continue	finally	instanceof	private	this
boolean	default	float	int	public	throw
break	do	for	interface	return	typeof
byte	double	function	long	short	true
case	else	goto	native	static	var
catch	extends	implements	new	super	void
char	false	import	null	switch	while
class	final	in	package	synchronized	with

4.1.2　标识符

所谓的标识符（identifier），就是一个名称。在 JavaScript 中，标识符用来命名变量和函数，或者用做 JavaScript 代码中某些循环的标记。在 JavaScript 中，标识符的命名规则和 Java 以及其他许多语言的命名规范相同，第一个字符必须是字母、下画线（_）或美元符号（$），其后的字符可以是字母、数字、下画线或美元符号。

注意：数字不允许作为首字符出现，以便 JavaScript 能轻易地区别开标识符和数字。

下面都是合法的标识符：

i　　my_pass　　_user　　#str　　m1

注意：标识符不能和 JavaScript 中用于其他目的的关键字同名。

4.2　数据类型

JavaScript 脚本语言中采用弱类型的数据形式，即一个数据（变量或者常量）不必首先声明，可以在使用或者赋值时再确定它的数据类型。当然先声明数据类型，在赋值时则自动说明其数据类型。本节将详细介绍 JavaScript 的数据类型。

4.2.1 数值型

数字（number）是最基本的数据类型。JavaScript 和其他程序设计语言（如 C 语言或者 Java 语言）的不同之处在于它并不区分整型数值和浮点数值。在 JavaScript 中，所有的数字都是浮点型。JavaScript 采用 64 位浮点格式表示数字，表明了它所表示的数值范围。

当一个数字直接出现在 JavaScript 程序中时，被称为数值直接量。JavaScript 支持的数值直接量有整型数据、十六进制和八进制数据、浮点型数据几种，下面将对这几种表示形式进行详细介绍。

注意：在任何数值直接量前加上负号（-）可以构成它的负数。但是负号是一元求反运算符，不是数值直接量的一部分。

1．整型数据

在 JavaScript 程序中，十进制的整数是一个数字序列，例如：

0　　　　　6　　　　　–8　　　　　200

JavaScript 的数字格式能精确的表示-2^{63}～2^{63}之间的所有整数。但是使用超过这个范围的整数时，就会失去位数的精确型。需要注意的是，JavaScript 中的某些整数运算是对 32 位的整数执行的，其范围是-2^{31}～$2^{31}-1$。

2．十六进制和八进制数据

JavaScript 不但能够处理十进制的整型数据，还能够识别十六进制的数据。所谓的十六进制数据（基数为 16），是以“0X”或“0x”开头，其后跟随十六进制数字串的直接量。十六进制的数字可以是 0~9 中的某个数字，也可以是 a（A）～f（F）中的某个字母，它们用来表示 0~15 之间（包含 0 和 15）的某个值，例如：

```
0x8f            //8*16+15=143（基数为 10）
```

尽管 ECMAScript 标准不支持八进制数据，但是 JavaScript 的某些实现却允许采用八进制格式的整型数据（基数为 8）。八进制数据以数字 0 开头，其后跟随一个数字序列，这个序列中的每个数字都在 0～7 之间（包括 0 和 7），例如：

0566　　　　//5*8^2+6*8+6=374（基数为 10）

注意：由于某些 JavaScript 实现支持八进制数据，而有些不支持，所以最好不要使用 0 开头的整型数据，因为不确定某个 JavaScript 的实现是将其解释为十六进制，还是解释为八进制。

3．浮点型数据

浮点型数据可以是具有小数点，采用传统科学计数法表示的数据。一个实数可以表示为“整数部分.小数部分”。

此外，还可以使用指数法来表示浮点型数据，即实数后跟随字母 e 或 E，后面加上正负号，其后再加上一个整型指数。这种记数法表示的数值等于前面的实数乘以 10 的指数次幂。

例如：

```
6.8
.5556
6.12e+15        //6.12*10^15
6.12e-15        //6.12*10^-15
```

4.2.2 字符串型

字符串（string）是有 Unicode 字符、数字、标点符号等组成的序列，它是 JavaScript 用来表示文本的数据类型。程序中的字符串型数据包含在单引号和双引号中，由单引号定界的字符串中可以包含双引号，由双引号定界的字符串中也可以包含单引号。

例如，单引号括起来的一个或多个字符，代码如下：

```
'A'
' Hello JavaScript！ '
```

例如，双引号括起来的一个或多个字符，代码如下：

```
"B"
" Hello JavaScript！ "
```

例如，单引号定界的字符串中可以包含双引号，代码如下：

```
'pass="mypass" '
```

例如，双引号定界的字符串中可以包含单引号，代码如下：

```
"You can call her 'Rose '"
```

说明：JavaScript 与 C、Java 不同的是，它没有 char 这样的单字符数据类型。要表示单个字符，必须使用长度为 1 的字符串。

4.2.3 布尔型

数值数据类型和字符串数据类型的值都有无穷多个，但布尔数据类型只有两个值，这两个合法的值分别由直接量“true”和“false”表示。一个布尔值代表一个“真值”，它说明某个事物是真还是假。

在 JavaScript 程序中，布尔值通常用来比较所得的结果，例如：

```
m==1
```

这行代码测试了变量 m 的值是否和数值 1 相等。如果相等，比较的结果就是布尔值 true，否则结果就是 false。

布尔值通常用于 JavaScript 的控制结构。例如，JavaScript 的 if/else 语句就是在布尔值 true 时执行一个动作，而在布尔值为 false 时执行另一个操作。通常将一个布尔值与使用这个值比较的语句结合在一起。例如：

```
if (m==1)
```

```
        n="Yes";
    else
        n="No";
```

上述代码检测了 m 是否等于 1。如果相等，则 n="Yes"，否则 n="No"。

有时候可以把两个可能的布尔值看做是 1（true）和 0（false）会更加有用，实际上 JavaScript 确实是这样做的，在必要的时候将 true 转化为 1，将 false 转化为 0。

4.2.4 特殊数据类型

除了以上介绍的数据类型，JavaScript 还包括一些特殊类型的数据，如转义字符、未定义值等。

1．转义字符

以反斜杠开头的，不可显示的特殊字符通常称为控制字符，也称为转义字符。通过转义字符可以在字符串中添加不可显示的特殊字符，或者避免引号匹配混乱。JavaScript 常用的转义字符如表 4-2 所示。

表 4-2　JavaScript 常用的转义字符

转义字符	描　述	转义字符	描　述
\b	退格	\v	跳格（Tab、垂直）
\n	回车换行	\r	换行
\t	跳格（Tab、水平）	\\	反斜杠
\f	换页	\000	八进制整数，范围 000～777
\'	单引号	\xHH	十六进制整数，范围 00～FF
\"	双引号	\uhhhh	十六进制编码的 Unicode 字符

在 document.writeln( )语句中使用转义字符时，只有将其放在格式化文本标记<pre></pre>中才会起作用。

【示例 4-1】 应用字符串换行转义字符的代码如下：

```
document.writeln("<pre>");
document.writeln("努力学习\nJavascript 语言！");
document.writeln("</pre>");
```

程序运行结果如图 4-1 所示。如果上述代码中不使用<pre></pre>标记，则转义字符不起作用，则不会换行，程序运行结果如图 4-2 所示。

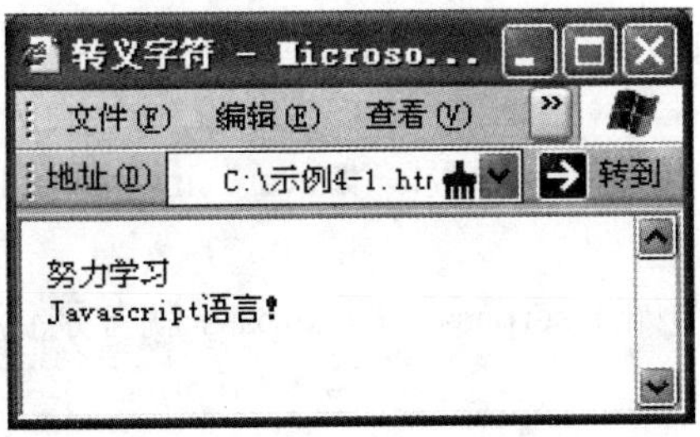

图 4-1　转义字符的使用效果

图 4-2　去除格式化文本标记后的效果

2．未定义值

未定义类型的变量是 undefined，表示变量还没有赋值（如 var m;），或者赋予一个不存在的属性值（如 var m=String.noproperty;）。

此外，JavaScript 中还有一种特殊类型的数字常量 NaN，即“非数字”。当程序由于某种原因计算错误后，将产生一个没有意义的数字，此时 JavaScript 返回的数值就是 NaN。

3．空值

JavaScript 中的关键字 null 是一个特殊的值，它表示值为空，用于定义空的或者不存在的引用。如果试图引用一个没有定义的变量，则返回一个 null 值。这里必须注意的是，null 不等同于空字符串（""）和 0。

由此可见，null 和 undefined 的区别是，null 表示一个变量被赋予了一个空值，而 undefined 则表示该变量尚未被赋值。

4.3 常量与变量

4.3.1 常量的定义

当程序运行时，值始终不发生改变的量为常量（constant）。常量主要用于为程序提供固定和精确的值（包括数值和字符串）。数值、布尔值（true、false）等都是常量。声明常量的语法结构如下：

```
const
常量名：数据类型=值；
```

常量在程序中声明后便会存储到计算机中，在该程序结束前，它是不会发生变化的。如果在程序中过多地使用常量，会降低程序的可读性和可维护性。当一个常量在程序内被多次引用时，可以考虑在程序开始处将它设置为变量，然后再引用。当此值需要修改时，则只需要更改其变量的值就可以了，既减少了出错的机会，又可以提高工作效率。

4.3.2 变量的定义与命名

变量是指程序中一个已经命名的存储单元，它的主要作用就是为数据操作提供存放信息的容器。在使用变量前，首先必须了解变量的命名规则。

JavaScript 中的变量命名同其他编程语言非常相似，但需要注意以下几点：

- 必须是一个有效变量，即变量名称以字母开头，中间可以出现数字，如 test1、test2 等。除下画线作为连字符外，变量名称不能有空格、+、-或其他符号。
- 不能使用 JavaScript 中的关键字作为变量。在 JavaScript 中定义了 40 多个关键字，这些关键字是 JavaScript 内部使用的，不能作为变量的名称。如 var、int、double、true 等，详细参考表 4-1。
- JavaScript 的变量名是严格区分大小写的。例如 Userpass 与 userpass 就分别代表不同的变量。

注意：对变量命名时，最好把变量的意义与其代表的意思对应起来，以便于记忆，且具有一定意义的变量名称，以增加程序的可读性。

4.3.3 变量的声明与赋值

JavaScript 变量可以在使用前先进行声明再赋值。通过使用 var 关键字对变量进行声明。对变量进行声明的最大好处就是能及时发现代码中的错误。因为 JavaScript 是采用动态编译的，而动态编译不易发现代码中的错误，特别是变量命名方面的错误。

在 JavaScript 中，变量可以用 var 做声明，其语法格式如下：

```
var variable;
```

在声明变量的同时也可以对变量进行赋值。

```
var m=88;
```

声明变量时所遵循的规则如下。

1）可以使用一个关键字 var 同时声明多个变量。例如：

```
var x,y,z;   //同时声明 x，y，z 3 个变量
```

2）可以在声明变量的同时对其赋值，即为初始化。例如：

```
var x=1,y=2,z=3; //同时声明 x，y，z 3 个变量，并分别对其赋值
```

3）如果只是声明了变量，并未对其赋值，则其值默认为 undefined。

4）var 语句可以用做 for 循环和 for…in 循环的一部分，这样使循环变量的声明成为循环语句自身的一部分，使用起来比较方便。

5）也可以使用 var 语句多次声明同一个变量，如果重复声明的变量已有一个初始值，此时的声明就相当于对变量重新赋值。

当给一个尚未声明的变量赋值时，JavaScript 会自动用该变量名创建一个全局变量。在函数内部，通常创建的只是一个仅在函数内部起作用的局部变量，而不是一个全局变量。创建一个局部变量，不是赋值给一个已经存在的局部变量，而是必须使用 var 语句进行变量声明。

另外，由于 JavaScript 采用了弱类型的数据形式，因此用户可以不必理会变量的数据类型，可以把任意类型的数据赋值给变量。

【示例 4-2】 变量的声明，代码如下：

```
var m=100;
var x="好好学习 Javascript！";
var y=true;
document.writeln(m+"<br>");
document.writeln(x+"<br>");
document.writeln(y);
```

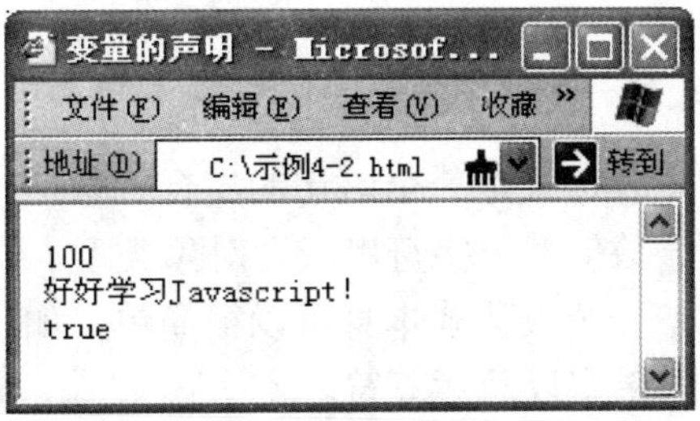

图 4-3 变量的声明

程序运行结果如图 4-3 所示。

在 JavaScript 中，变量可以先不声明，在使用时，再根据变量的实际作用来确定其所属

的数据类型。作为优秀的程序员，建议在使用变量前就对其声明，因为声明变量的最大好处就是能及时发现代码中的错误。

4.3.4 变量的作用域

变量还有一个重要特性——变量的作用域。在 JavaScript 中同样有全局变量和局部变量之分。全局变量是定义在所有函数体之外，其作用范围是所有的函数；而局部变量是定义在函数体之内，只在该函数内可见，其他函数不能访问它。

如果全局变量与局部变量有相同的名字，则同名局部变量所在函数内会屏蔽全局变量，而优先使用局部变量。

【示例 4-3】 变量作用域，在<script>标记内编写如下代码：

```
<script language="javascript">
    document.write("全局变量与局部变量的演示:<br/>");
    var myname = "张三";
    document.write("函数外：myname=" + myname+"<br/>");
    function myfun() {
        var myname;
        myname = "李四";
        document.write("函数内：myname=" + myname + "<br/>");
    }
    myfun();
    document.write("函数外：myname=" + myname + "<br/>");
</script>
```

运行代码，浏览页面，结果如图 4-4 所示。

说明：这个运行结果说明，函数内改变的只是该函数内定义的局部变量，不影响函数外的同名全局变量的值，函数调用结束后，局部变量占据的内存存储空间被收回，而全局变量内存存储空间则被继续保留。

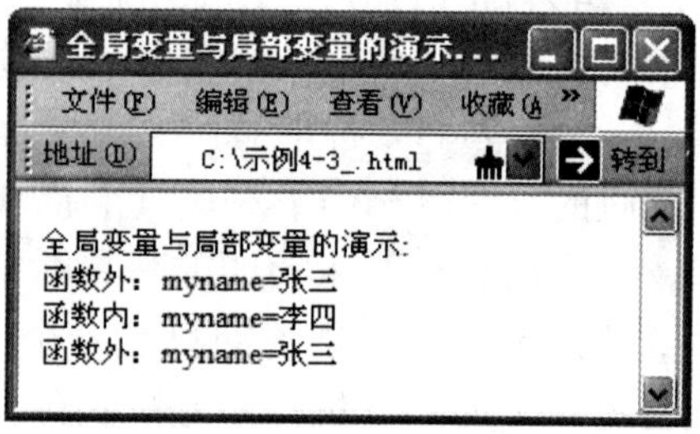

图 4-4 变量作用域

4.4 表达式与运算符

4.4.1 表达式

表达式是一个语句的集合，像一个组一样，计算结果是一个单一的值，该值可以是布尔型、数值型、字符串或者对象类型。

一个表达式本身可以很简单，如一个数字或者变量，它还可以包含许多连接在一起的变量关键字以及运算符。

例如表达式 m=8 将值 8 赋给了变量 m，整个表达式的计算结果是 8，因此在一行代码中使用此类的表达式是合法的。一旦将 8 赋值给 m 的工作完成，则 m 也将是一个合法的表达式。除了赋值运算符，还有许多可以用来形成一个表达式的运算符，如算术运算符、逻辑运算符、比较运算符等。

4.4.2 运算符

用于操作数据特定符号的集合叫运算符，运算符操作的数据叫操作数，运算符与操作数连接后的式子叫表达式，运算符也可以连接表达式构成更长的表达式。运算符可以连接不同数目的操作数，一元运算符可以应用于一个操作数，二元运算符可以用于两个操作数，三元运算符可以用于三个操作数。运算符可以连接不同数据类型的操作数，构成算术运算符、逻辑运算符、关系运算符。用于赋值的运算符叫赋值运算符，用于条件判断的运算符叫条件运算符（唯一的三元运算符）。下面详细介绍这些运算符。

1．算术运算符

算术运算符可以进行加、减、乘、除和其他数学运算，如表 4-3 所示。

表 4-3 算术运算符

算术运算符	描 述	算术运算符	描 述
+	加	/	除
-	减	++	递增 1
*	乘	--	递减 1
%	取模		

【示例 4-4】 算术运算符与算术表达式示例。

核心代码如下：

```
var x = 56, y = 5
document.write("x=", x,"    y=",y,"<br>");
document.write("x + y=", x + y, "<br>");
document.write("x / y=", x / y, "<br>");
document.write("x % y=", x % y, "<br>");
document.write("x / 0=", x / 0, "<br>");
document.write("x % 0=", x % 0, "<br>");
document.write("x++ =", x++, "<br>");
document.write("++x =", ++x, "<br>");
document.write("x-- =", x--, "<br>");
document.write("--x =", --x, "<br>");
document.write('"20" + 2 =', "20" + 2, "<br>");
document.write('"20" - 2 = ',"20" - 2, "<br>");
```

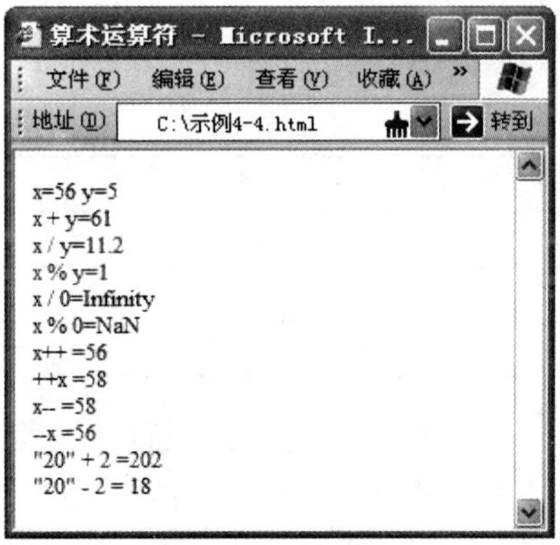

图 4-5 算术运算符与算术表达式示例

运行代码，浏览页面，结果如图 4-5 所示。

说明：

除法运算符“/”、取余运算符“%”中第二个操作数不能为 0。否则将出现不期望的结果。

自增运算符“++”有两种不同取值顺序的运算，x++是先取值，后自增；++x 是先自增，后取值；自减运算符“--”与此相似。

加法运算符“+”在字符串运算中可以作为连接运算符。如"x-- ="+x--得到字符串类型值。

减法运算符“-”、乘法运算符“*”、除法运算符“/”、取余运算符“%”只能用于数值型的表达式计算，如果不是，则自动转成数值型后再参与运算。

2．比较运算符

比较运算符可以比较表达式的值，比较运算符的基本操作过程是：首先对操作数进行比较，然后返回一个布尔值 true 或者 false。JavaScript 中常用的比较运算符如表 4-4 所示。

表 4-4　比较运算符

比较运算符	描　述	比较运算符	描　述
<	小于	>=	大于等于
>	大于	==	等于
<=	小于等于	!=	不等于
===	全等于	!==	不全等于

全等于运算符“===”与不全等于“!==”对数据类型的一致性要求严格。

【示例 4-5】 比较运算符示例。

核心代码如下：

```
document.write("'34' == 34: ", '34' == 34, "<br>");
document.write("'34' === 34: ", '34' === 34, "<br>");
document.write("'34' != 34: ", '34' != 34, "<br>");
document.write("'34' !== 34: ", '34' !== 34, "<br>");
```

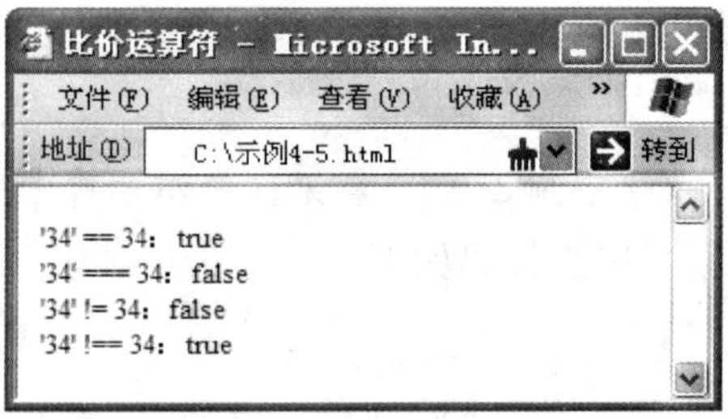

图 4-6　比较运算符示例

运行代码，浏览页面，结果如图 4-6 所示。

3．逻辑运算符

逻辑运算符比较两个值，然后返回一个布尔值（true 或 false），JavaScript 中常用的逻辑运算符如表 4-5 所示。

表 4-5　逻辑运算符

<table>
<tr><th>逻辑运算符</th><th>描　述</th></tr>
<tr><td>&&</td><td>逻辑与，在形式 A&&B 中，只有当两个条件 A 和 B 都为 true 时，整个表达式才为 true</td></tr>
<tr><td>||</td><td>逻辑或，在形式 A||B 中，只要两个条件 A 和 B 有一个为 true，整个表达式就为 true</td></tr>
<tr><td>!</td><td>逻辑非，在!A 中，当 A 为 true 时，表达式的值为 false；当 A 为 false 时，表达式的值为 true</td></tr>
</table>

3 个逻辑运算符优先级有细微差别，从高到低依次为!、&&、||。

【示例 4-6】 逻辑运算符示例。

核心代码如下：

```
document.write("24 < 25 || 24>4 && 24>56: ", 24 < 25 || 24 > 4 && 24 > 56, "<br>");
document.write(" !24 < 25: ", !24 < 25, "<br>");
document.write(" !(24 < 25): ", !(24 < 25), "<br>");
document.write(" !(24 < 25) || 24 > 4 && 24 > 56: ", !(24 < 25) || 24 > 4 && 24 > 56, "<br>");
```

运行代码，浏览页面，结果如图 4-7 所示。

说明：

24<25 为 true，“||”后面的表达式就不需计算了，这叫“短路计算”，同样，24>25 为 false，“&&”后面的表达式就不需计算了。

!24<25 表达式中，!24 最高，它甚至高过了算术运算符、关系运算符。!24 表达式值为 false，在与 25 比较时又转化成数值型 0，变成 0<25 其结果为 true。

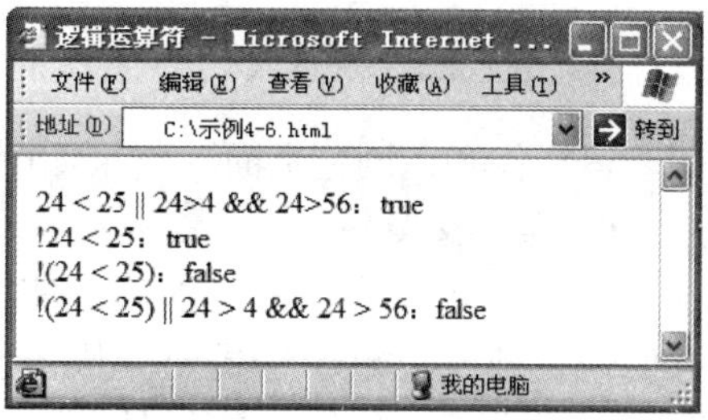

图 4-7　逻辑运算符示例

!(24<25)表达式中用括号提高了 24<25 运算优先级，表达式计算转换成!true，最终!(24<25)结果为 false。

4．逗号运算符

逗号运算符可以连接几个表达式，表达式的值为最右边表达式的值。如表达式 23,2+3,3*9 结果为 27。逗号运算符的运算优先级最低。

5．赋值运算符

赋值运算符不仅实现了赋值功能，由它构成的表达式也有一个值，值就是赋值运算符右边的表达式的值，赋值运算符的优先级很低，仅高于逗号运算符。

复合赋值运算符是运算与赋值两种运算的复合，先运算，后赋值，以简化程序的书写，提高运算效率。

JavaScript 中常用组合赋值运算符如表 4-6 所示。

表 4-6　赋值运算符

赋值运算符	描　述
=	将右边表达式的值赋给左边的变量。例如 userpass="123456"
+=	将运算符左侧的变量加上右侧表达式的值赋给左侧的变量。m+=n，相当于 m=m+n
–=	将运算符左侧的变量减去右侧表达式的值赋给左侧的变量。m–=n，相当于 m=m-n
*=	将运算符左侧的变量乘以右侧表达式的值赋给左侧的变量。m*=n，相当于 m=m*n
/=	将运算符左侧的变量除以右侧表达式的值赋给左侧的变量。m/=n，相当于 m=m/n
%=	将运算符左侧的变量与右侧表达式的值求模，并将结果赋给左侧的变量。m%=n，相当于 m=m%n

【示例 4-7】 赋值表达式。

核心代码如下：

```
var x, y;
x = 34;
y = 38;
document.write("x=", x, "    y=", y, "<br>");
x = y = 23;
document.write("x=", x, "    y=", y, "<br>");
x += 4 + 7;
document.write("x=", x, "<br>");
x = 23;
document.write("x=", x, "<br>");
```

```
(x += 4) + 7;
document.write("x=", x, "<br>");
```

运行代码，浏览页面，结果如图 4-8 所示。

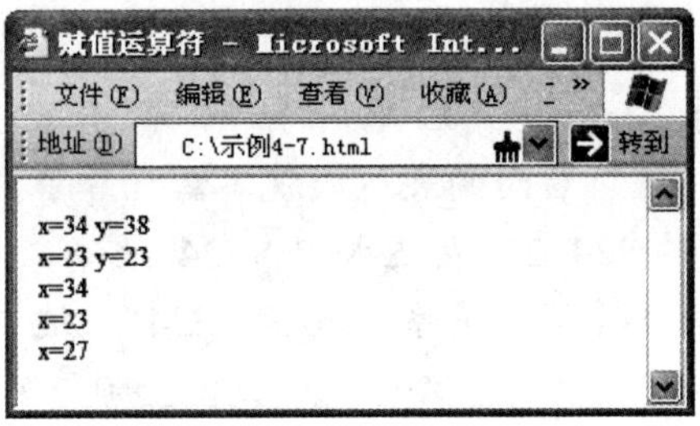

图 4-8　赋值表达式示例

6．条件运算符

条件运算符是三元运算符，使用该运算符可以方便地由条件逻辑表达式的真假值得到各自对应的取值。或由一个值转换成另外两个值，使用条件运算符嵌套多个值。其格式如下：

操作数？结果 1：结果 2

如果操作数的值为 true，则整个表达式的结果为 1，否则为 2。

【示例 4-8】 条件运算符示例。

核心代码如下：

```
var sex = true;
document.write("sex = ", sex, "<br>", " sex ? '男' : '女'=", sex ? '男' : '女', "<br>");
sex = false;
document.write("sex = ", sex, "<br>", " sex ? '男' : '女'=", sex ? '男' : '女', "<br>");
var level = 2;
document.write("level = ", level, "<br>");
document.write(
level == 1 ? "优" :
level == 2 ? "良" :
level == 3 ? "中" :
level == 4 ? "及" :
"差", "<br>");
```

运行代码，浏览页面，结果如图 4-9 所示。

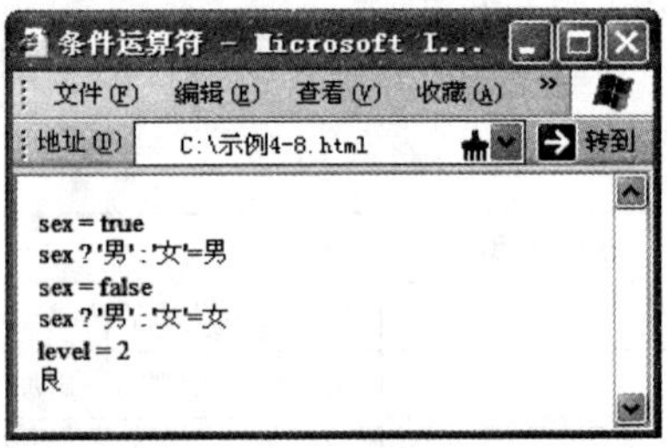

图 4-9　条件运算符示例

说明：

条件运算符中条件部分若不是逻辑类型，按"非零即真"的原则进行判断。

条件运算符嵌套时按"左结合性"计算。

在编写语句时用多行表示一条复杂语句，会使语句结构清晰，增强程序的可读性。

7．位操作运算符

位操作运算符分为两种，一种是普通运算符，另一种是位移运算符。在进行运算前，先将操作数转换为 32 位的二进制整数，然后再进行相关运算，最后对输出结果以十进制表示。位操作运算符对数值的位进行操作，如向左或向右位移等。JavaScript 中常用的位操作运算符如表 4-7 所示。

8．typeof 运算符

typeof 运算符返回其操作数当前的数据类型。这对于判断一个变量是否已被定义特别有用。

例如，下面应用 typeof 运算符返回当前操作数的数据类型，代码如下：

```
typeof false
```

表 4-7　位操作运算符

位操作运算符	描　述	位操作运算符	描　述
&	与运算符	<<	左移
|	或运算符	>>	带符号右移
^	异或运算符	>>>	填 0 右移
~	非运算符		

说明：typeof 运算符把类型信息用字符串返回。typeof 运算符的返回值有 6 种："number"、"string"、"boolean"、"object"、"function" 和 "undefined"。

9．new 运算符

可以使用 new 运算符来创建一个新对象，其语法格式如下：

```
new constructor[(arguments)]
```

constructor：必选项。对象的构造函数。如果构造函数没有参数，则可以省略圆括号。
arguments：可选项。任意传递给新对象构造函数的参数。
例如：

```
Array1=new Array( );
Object2=new Object;
Data3=new Data("August 8 2013");
```

10．运算符的优先级

JavaScript 运算符具有明确的优先级与结合性。优先级较高的运算符将先于优先级较低的运算符进行运算。结合性则是指具有同等优先级的运算符将按照怎样的顺序进行运算。结合性有向左结合和向右结合两种。例如，表达式 x+y+z，向左结合就是先运算 x+y，即 (x+y)+z；向右结合则表示先运算 y+z，即 x+ (y+z)。JavaScript 运算符的优先级及其结合性如表 4-8 所示。

表 4-8　JavaScript 运算符的优先级和结合性

优 先 级	结 合 性	运 算 符
最高	向左	[ ]、( )
优先级由高到低依次排列	向右	++、--、- 、! 、delete、new、typeof、void
	向左	*、/、%
	向左	+、-
	向左	<<、>>、>>>
	向左	<、<=、>、>=、 in、instanceof
	向左	==、!=、 ===、!===
	向左	&
	向左	^
	向左	|

（续）

优 先 级	结 合 性	运 算 符
优先级由高到低依次排列	向左	&&
	向左	||
	向右	?:
	向右	=
	向右	*=、/=、%=、+=、-=、<<=、>>=、>>>= 、&=、^=、|=
最低	向左	,

4.5 基本语句

4.5.1 注释语句

注释语句用于对程序进行注解，以便今后的维护和使用，程序在执行的过程中将不会执行注释语句中的内容。JavaScript 的注释语句分为单行注释和多行注释。

（1）单行注释语句

单行注释语句以双斜杠（//）开始一直到该行结束。例如：

```
var tel1="0517";                //区号
var tel2="88888888";            //电话号码
//显示电话号码
alert("电话号码是：" +tel1+tel2);
```

（2）多行注释语句

多行注释语句以“/*”开始一直到“*/”结束。例如：

```
/*
本程序用来计算学生 JavaScript 课程的考试成绩
其中 score1 为理论成绩
     score2 为实践成绩
*/
var score1=88;
var score2=82;
//显示学生课程的总成绩
alert("JavaScript 小王同学课程的总成绩是："+ score1+ score2);
```

4.5.2 赋值语句

与其他计算机语言相似，赋值语句是 JavaScript 程序中最常用的语句，因为在一个程序中，往往需要大量的变量来存储程序中用到的数据，所以用来对变量进行赋值的赋值语句也就会在程序中大量出现。在前面的示例中已经用到了赋值语句，其基本语法规则是变量名在左侧，等号（=）在中间，表达式在右侧，并且以分号（;）结束。格式如下：

```
变量名=表达式;
```

前面已经提到过，当使用关键字 var 声明变量时，也可以同时使用赋值语句对声明的变量进行赋值。例如，在下述示例中，当声明变量 myaddress 时直接将一个字符串赋值给了 myaddress。

```
var myaddress="枚乘东路 3 号";
```

4.5.3 流程控制语句

结构化程序有 3 种基本结构，它们是：顺序结构、分支结构和循环结构。编程语言都有程序控制结构语句，使用这些语句及其嵌套可以表示各种复杂算法。顺序结构比较简单，前面各实例都是顺序结构的程序。下面主要讲解分支结构和循环结构。

1．分支结构

（1）单分支结构

if 语句是最基本、最平常的分支结构语句，if 语句的单分支结构语法格式如下：

语法格式 1：

```
if(条件表达式)语句
```

语法格式 2：

```
if(条件表达式){
      语句块
}
```

（2）双分支结构

语法格式 1：

```
if(条件表达式)  语句 1
else 语句 2
```

语法格式 2：

```
if(条件表达式){
      语句块 1
}else{
      语句块 2
}
```

（3）多分支语句

可以使用 if-else 语句嵌套实现，也可以用 switch 语句实现，下面介绍 switch 语句。

switch 语句的结构如下：

```
switch(表达式){
        case 值 1：
        语句块 1
        break;
        case 值 2：
```

```
语句块 2
break；
……
case 值 n：
语句块 n
break；
default:
语句块 n+1
break；
}
```

【示例 4-9】 分支结构的使用。

程序如下：

```
var sex;
//单分支
sex = false;
document.write("sex = ", sex, "<br>");
var sex_name = "女";
if (sex)
    sex_name = "男";
document.write(sex_name, "<br>");
sex = true;
document.write("sex = ", sex, "<br>");
//双分支
if (sex)
    document.write("男", "<br>");
else
    document.write("女", "<br>");
//多分支
var hour,hello;
hour = 11;
document.write("hour = ", hour, "<br>");
switch (hour) {
    case 0: case 1: case 2: case 3: case 4:case 5:
        hello = "凌晨好！ "; break;
    case 6: case 7: case 8: case 9: case 10: case 11:
        hello = "早上好！ "; break;
    case 12:
        hello = "中午好！ "; break;
    case 13: case 14: case 15: case 16: case 17: case 18:
        hello = "下午好！ "; break;
    default:
        hello = "晚上好！ "; break;
}
document.write(hello);
```

运行代码，浏览页面，结果如图 4-10 所示。

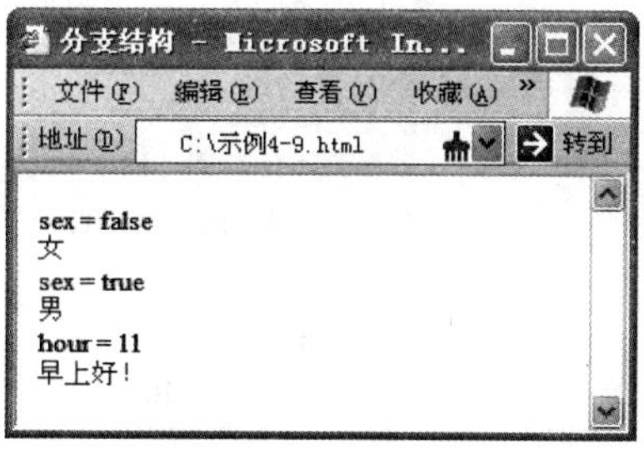

图 4-10　分支结构的示例

说明：

双分支可以转变出单分支。显示设置一个分支的值，再判断另一个分支的条件是否满足。

多分支的 switch 语句中，如果几个分支使用共同的语句，可以将它们合并在一起，使用一段语句块。

switch 语句中的“break;”语句作用是分支从此退出，以免执行后续语句。请试着查看运行删除语句“break;”后的执行结果。

2．循环结构

（1）循环结构的 3 个要素

- 循环初始化，设置循环变量初值。
- 循环控制，设置继续循环进行的条件。
- 循环体，重复执行的语句块。

（2）当循环结构

当循环结构，while 语句格式如下：

```
while（条件表达式）{
  语句块
}
```

（3）直到循环结构

直到循环结构，do…while 语句格式如下：

```
do{
  语句块
} while（条件表达式）;
```

（4）计数循环结构

计数循环结构，for 语句格式如下：

```
for(var i=0;i<length;i++){
  语句块
}
```

（5）枚举循环结构

枚举循环结构，for…in 语句格式如下：

```
for(var i=0 in array){
  语句块
}
```

【示例 4-10】 循环结构的使用。

核心代码如下：

```
<script language="javascript">
        document.write("======while 循环======", "<br>");
        var i=0;
        while (i < 3) {
            document.write("循环结构演示 1：", i, "<br>");
            i++;
        }
        document.write("======do-while 循环====", "<br>");
        i = 0;
        do {
            document.write("循环结构演示 2：", i, "<br>");
            i++;
        } while (i < 3);
        document.write("======for 循环=======", "<br>");
        for (var i = 0; i < 3; i++) {
            document.write("循环结构演示 3：", i, "<br>");
        }
</script>
```

运行代码，浏览页面，结果如图 4-11 所示。

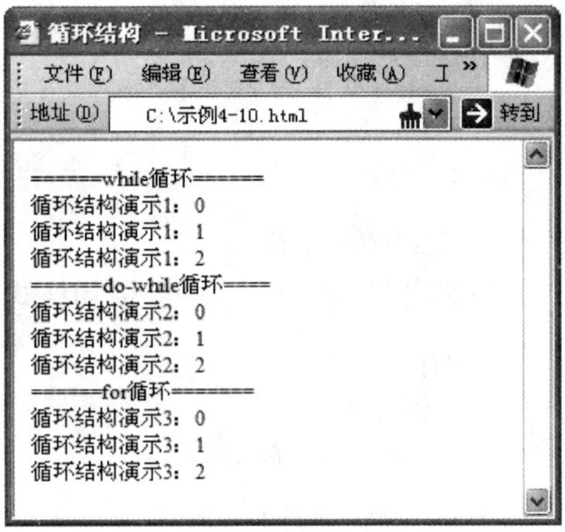

图 4-11　循环结构示例

说明：使用 while 语句或 do…while 语句以及 for…in 语句，一定要注意不要遗漏循环初始化部分。使用 for 语句特别是 for…in 语句，要比 while 语句或 do…while 语句简单一些。

（6）continue 语句

continue 语句只用在循环语句中，控制循环体满足一定条件时提前退出本次循环，继续下次循环。

（7）break 语句

break 语句在循环语句中，控制循环体满足一定条件时提前退出循环，不再继续该循环。

continue 语句和 break 语句一般都用在循环体内的分支语句中，不使用分支语句则这些语句是没有意义的。

4.6　实例：JavaScript 语言基础

4.6.1　学习目标

1）掌握 JavaScript 语言变量与运算符的使用。

2）掌握 JavaScript 语言基本语句的使用。

4.6.2 实例介绍

编写一个 JavaScript 程序，通过三目运算符来返回用户输入的年份是否为闰年，如图 4-12 所示，判断是否为闰年，结果如图 4-13 所示。

图 4-12　输入一个 4 位年份来判断是否为闰年

图 4-13　判断结果

4.6.3 实施过程

第一步：首先编写一个基本的 HTML 代码，代码如下：

```
<html>
  <head>
    <title>闰年</title>
  </head>
  <body>
  </body>
</html>
```

第二步：在<body>……</body>标记中编写相应代码。首先通过 **prompt( )**获取四位数，然后通过三目运算符来判断是否为闰年。

代码如下：

```
<script language="javascript">
      var years,result;
      years=prompt("请输入一个四位数？","2000");
      result=(years%4==0 && years%100) || (years%400==0) ? years+"是闰年" : years+"不是闰年";
      alert("判断结果"+result);
</script>
```

第三步：为了保证每次的输入都有数据，建议进行非空判断，添加代码如下：

```
while(years==""){
      alert("您的输入不能为空，请重新输入!");
      years=prompt("请输入一个四位数？","");
}
```

4.6.4 实例拓展

如果将题目修改为判断“输入的年份的 230 年后是否为闰年？”那么程序修改为：

```
years=prompt("请输入一个四位数？","2000");
years=years+230;
```

此时运行结果不是 2000+230=2230，而是 2000230，界面如图 4-14 所示。

图 4-14　判断结果

原因分析：

对于语句“prompt("请输入一个四位数？","2000");”，虽然用户输入的是数字 2000，但 prompt( )返回的是输入的字符串，也就是字符串“2000”，所以语句 z=x+y 中变量 x 是整型，y 是字符串类型，上述语句相当于：

```
z="2000"+"230"
```

所以出现了“2000230”的结果。

如何改进呢？JavaScript 中有 parseInt( )和 parseFloat( )两个函数，它们可以将字符串转换为整型或浮点型数字。例如，parseInt（"68"）将字符串“68”转换为数值型 68，parseFloat（"36.86"）将字符串“36.86”转换为浮点值 36.86。代码修改后如下：

```
years=parseInt(years)+230;
```

如果 parseFloat( )函数发现一个字符，而不是符号数字（0～9）、小数点或指数，它将忽略该字符和紧跟在其后的所有其他字符。如果无法转换第一个字符，此函数将返回“NaN”（Not a Number，非数字），请自行测试结果。

4.7　习题

1）创建对象使用的关键字是（　　）。

A．function　　B．new　　C．var　　D．string

2）写“Hello World”的正确 JavaScript 语法是（　　）。

A．document.write("Hello World")　　B．"Hello World"

C．response.write("Hello World")　　D．("Hello World")

3）下列 JavaScript 的判断语句中，（　　）是正确的。

A．if(i==0)　　B．if(i=0)　　C．if i==0 then　　D．if i=0 then

4）下列 JavaScript 的循环语句中，（　　）是正确的。

A．f(i<10;i++)　　B．for(i=0;i<10)

C．for i=1 to 10　　D．for(i=0;i<=10;i++)

5）下列的（　　）表达式将返回假。

A．!(3<=1)　　B．(4>=4)&&(5<=2)

C．("a"=="a")&&("c"!="d")　　D．(2<3)||(3<2)

6）有语句“var x=0;while（____）x+=2;”，要使 while 循环体执行 10 次，空白处的循环判定式应写为（　　）。

A．x<10　　B．x<=10　　C．x<20　　D．x<=20

7）JavaScript 语句

```
var a1=10;
var a2=20;
alert("a1+a2="+a1+a2)
```

将显示结果（　　）。

A．a1+a2=30　　B．a1+a2=1020

C．a1+a2=a1+a2　　D．"a1+a2="+a1+a2

8）以下单词中，不属于 JavaScript 保留字的是（　　）。

A．with　　B．parent　　C．class　　D．void

第5章　函数及其应用

5.1　函数的定义

函数为程序设计人员提供了方便，在进行复杂的程序设计时，通常是根据所要完成的功能，将程序划分为一些相对独立的部分，每部分编写一个函数。从而使各部分充分独立，任务单一，程序清晰、易懂、易读、易维护。

函数是拥有名字的一系列 JavaScript 语句的有效组合。只要这个函数被调用，就意味着这一系列 JavaScript 语句按顺序被解释执行。一个函数可以有自己的可以在函数内使用的参数。

函数还可以用来将 JavaScript 语句同一个 Web 页面相连接。用户的任何一个交互动作都会引发一个事件，通过适当的 HTML 标记，可以间接地引起一个函数的调用。这样的调用也称为事件处理。

定义一个函数和调用一个函数是两个截然不同的概念。定义一个函数只是让浏览器知道有这样一个函数。而只有在函数被调用时，其代码才真正被执行。函数与其他的 JavaScript 语句一样，必须位于<script></script>标记之间，函数的基本语法如下：

```
<script language= " javascript " >
      function 函数名称（参数表）{
            函数执行部分;
            return 表达式;
      }
</script>
```

语法解释：

return 语句指明由函数返回的值。return 语句是函数内部和外部相互交流和通信的唯一途径。

【示例 5-1】 函数的定义。

代码如下：

```
<script language="javascript">
    function displayTaggedText(tag,text){
        document.write("<"+tag+">");
        document.write(text);
        document.write("</"+tag+">");
    }
</script>
```

5.2 函数的调用

函数定义后并不会自动执行，要执行一个函数需要在特定的位置调用该函数，调用函数需要创建语句，调用语句包含函数名称和参数具体值。

5.2.1 函数的简单调用

函数的定义通常被放在 HTML 文件中的<head>标记中，而函数的调用语句通常被放在<body>标记中，如果在函数定义之前调用函数，程序执行将会出错。

函数调用的语法格式如下：

```
<html>
    <head>
    <script language="javascript">
        function 函数名称（参数表）{
            函数执行部分;
        }
    </script>
    </head>
    <body>
        <script language="javascript">
        函数名称(参数表);
        </script>
    </body>
</html>
```

我们把定义函数时指定的参数称为形式参数，简称形参；而把函数调用时实际传递的值称为实际参数，简称实参。

说明：其中形参为函数赋予的参数，代表函数的位置和类型，系统并不为形参分配相应的存储空间。实参通常在调用函数之前就已经分配了内存，并赋予了实际的数据。在函数的执行过程中，实参参与了函数的运行。

在定义函数时，在函数名后面的圆括号内可以指定一个或多个参数（参数之间用逗号“,”分隔）。指定参数的作用在于当调用函数时可以为被调用的函数传递一个或多个参数。

通常，在定义函数时使用了多少个形参，在函数调用时也必须给出多少个实参，同样实参也需要使用逗号“,”分隔。

【示例 5-2】 函数的简单调用。

代码如下：

```
<html>
    <head>
        <title>函数的简单调用</title>
        <script language="javascript">
```

```
            function displayTaggedText(tag,text)
            {
                document.write("<"+tag+">");
                document.write(text);
                document.write("</"+tag+">");
            }
            </script>
        </head>
        <body>
            <script language="javascript">
                displayTaggedText("H1","这是一级标题");
                displayTaggedText("p","这是段落标签");
            </script>
        </body>
    </html>
```

程序运行结果如图 5-1 所示。

在上述代码中，调用函数的语句将字符串“H1”和“这是一级标题”分别赋给了变量 tag 和 text，也将字符串“p”和“这是段落标签”分别赋给了变量 tag 和 text。

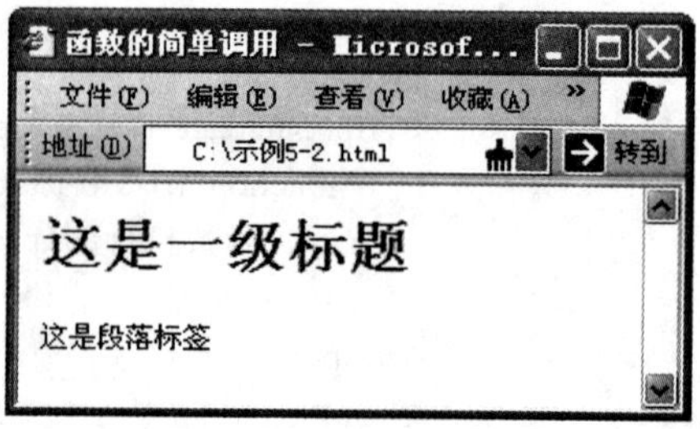

图 5-1 函数的简单调用

5.2.2 在事件响应中调用函数

当用户单击某个按钮或某个复选框时都将触发事件，通过编写程序对事件做出反应的行为称为响应事件。在 JavaScript 语言中，将函数与事件相关联就完成了响应事件的过程。例如，当用户单击某个按钮时，与此事件相关联的函数将被执行。

函数的事件调用一般和表单元素的事件一起使用，调用格式为：

```
事件名="函数名"
```

下面通过【示例 5-3】学习在事件响应中调用函数的方法。

【示例 5-3】 在事件响应中调用函数。

代码如下：

```
<html>
    <head>
        <title>计算器</title>
        <script language="javascript">
          function compute(op) {
              var num1,num2;
              num1= document.myform.num1.value;
              num2=document.myform.num2.value;
              if (op=="+")
                  document.myform.result.value=num1+num2;
              if (op=="-")
                  document.myform.result.value=num1-num2;
```

```
            if (op=="*")
                document.myform.result.value=num1*num2;
            if (op=="/" && num2!=0)
                document.myform.result.value=num1/num2;
        }
    </script>
</head>
<body>
    <form action= method="post" name="myform" id="myform">
      < p >第一个数<input name="num1" type="text" id="num1" size="25"> <br>
          第二个数 <input name="num2" type="text" id="num2" size="25"> </p>
      < p >
        <input name="addButton" type="button" value="   +   " onClick="compute('+')">
        <input name="subButton" type="button" value="   －   " onClick="compute('-')">
        <input name="mulButton" type="button" value="   ×   " onClick="compute('*')">
        <input name="divButton" type="button" value="   ÷   " onClick="compute('/')">
      </ p >
      < p >计算结果 <input name="result" type="text" id="result" size="25"> </p>
    </form>
</body>
</html>
```

程序运行结果如图 5-2 所示。

上述代码首先定义了一个名为 compute(op)的函数，该函数通过参数 op 判断进行什么运算。然后定义了加、减、乘、除 4 个按钮，每个按钮都调用了 compute(op)函数，调用的方法如下：

```
<input name="addButton" type="button"
value="+" onClick="compute('+')">
```

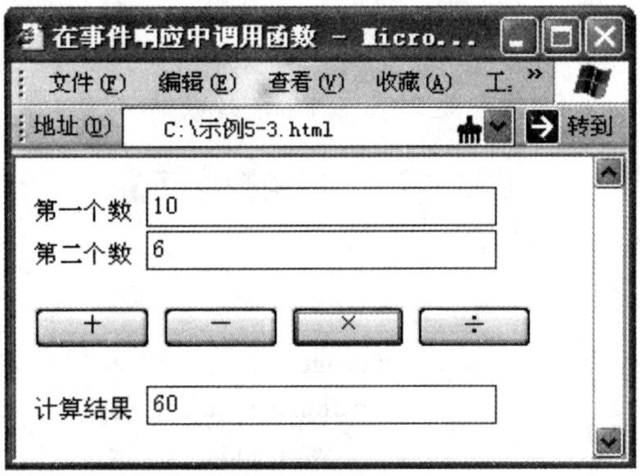

图 5-2　在事件响应中调用函数

在程序中，获取表单数据的方法如下：

```
document.表单名.表单元素名.value
```

例如，获取“第一个数”文本框中填写的数据，然后赋给变量 x 的代码为：

```
x=document.myform.numl.value;
```

5.2.3　通过链接调用函数

函数除了可以在响应事件中调用外，还可以在链接中调用。在<a>标记中的 href 属性使用 JavaScript 关键字调用函数，当用户点击链接时，相关函数将被执行。

【示例 5-4】 通过链接调用函数。

代码如下：

```
<a href="javascript:compute('+');">相加</a>
<a href="javascript:compute('-');">相减</a>
<a href="javascript:compute('*');">相乘</a>
<a href="javascript:compute('/');">相除</a>
```

单击后浏览效果与图 5-2 相似。

5.3 使用函数返回值

有时需要在函数中返回一个数值在其他函数中使用，为了能给变量返回一个值，可以在函数中添加一个 return 语句，将需要返回的值赋予变量，然后将此变量返回。

使用函数返回值的语法格式如下：

```
<script language="javascript">
function 函数名称（参数表）{
    函数执行部分;
    return 表达式;
}
</script>
```

注意：返回值在调用函数时不是必须定义的。

【示例 5-5】 使用函数返回值。

代码如下：

```
<head>
<script language="javascript" >
        function compute(x,y,op) {
            var results;
            if (op=="+")
                results=x+y;
            if (op=="-")
                results=x-y;
            if (op=="*")
                results=x*y;
            if (op=="/"&&y!=0)
                results=x/y;
            return results;
        }
</script>
</head>
<body>
<script language="javascript" >
    var results;
    results=compute(20,30,'+');
    document.write(results);
```

```
</script>
</body>
```

5.4 函数的嵌套

所谓嵌套函数即在函数内部再定义一个函数，这样可以轻松获得外部函数的参数以及函数的全局变量等。下面通过【示例 5-6】学习函数的嵌套。

【示例 5-6】 计算嵌套函数中全局变量与外部函数参数的和。

代码如下：

```
<head>
    <title>函数的嵌套应用</title>
    <script language="javascript" >
      function add(x,y) {
          var outter=10;
          function innerAdd() {
              alert("三个参数之和："+(x+y+outter));
              }
          return innerAdd();
      }
    </script>
</head>
<body>
    <script language="javascript" >
    add(20,30);
    </script>
</body>
```

程序运行结果如图 5-3 所示。

内部函数 innerAdd( )获取了外部函数的参数 x 和 y 以及全局变量 outter 的值，然后在内部类中将这 3 个变量相加，并返回这 3 个变量的和，最后在外部函数中调用内部函数。

图 5-3　嵌套函数的应用

5.5 内置函数

在使用 JavaScript 语言时，除了可以自定义函数之外，还可以使用 JavaScript 的内置函数，这些函数都是 JavaScript 语言自身提供的。

JavaScript 中的内置函数如表 5-1 所示。

表 5-1　JavaScript 中的内置函数

函　数	说　明
eval()	求字符串中表达式的值
isFinite()	判断一个数值是否为无穷大
isNaN()	判断一个数值是否为 NaN
parseInt()	将字符型转化为整型
parseFloat()	将字符型转化为浮点型
encodeURI()	将字符串转化为有效的 URI
decodeURI()	对 encodeURI()编码的文本进行解码

下面对这些内置函数进行详细介绍。

（1）parseInt( )函数

该函数用于将首位为数字的字符串转化为整型数字，如果字符串不是以数字开头，则将返回 NaN。其语法格式如下：

```
parseInt(StringNum,[n])
```

StringNum 为需要转化为整型的字符串。

n 表示在 2～36 之间的数字表示所保存数字的进制数，这个参数在函数中不是必须的。

（2）parseFloat( )函数

该函数用于将首位为数字的字符串转化为浮点型数字，如果字符串不是以数字开头，则将返回 NaN。其语法格式如下：

```
parseFloat(StringNum)
```

StringNum 为需要转化为浮点型的字符串。

（3）isNaN( )函数

该函数主要用于检验某个值是否为 NaN。其语法格式如下：

```
isNaN（Num）
```

Num 为需要验证的数字。如果参数 Num 为 NaN，函数返回值为 true；如果参数 Num 不为 NaN，函数返回 false。

（4）isFinite( )函数

该函数主要用于检验某个表达式是否为无穷大。其语法格式如下：

```
isFinite（Num）
```

Num 为需要验证的数字。如果参数 Num 为无穷大，函数返回值为 true；如果参数 Num 不为无穷大，函数返回 false。

（5）encodeURI( )函数

该函数主要用于返回一个 URI 字符串编码后的结果。其语法格式如下：

```
encodeURI（URI）
```

URI 为需要转化为网路资源地址的字符串。

URI 与 URL 都可以表示网络资源地址，URI 比 URL 的表示范围更广泛，但在一般情况下 URI 与 URL 可以是等同的。encodeURI()函数只对字符串中有意义的字符进行转义。例如，将字符串中空格转化为“20%”。

（6）decodeURI()函数

该函数主要用于将已编码的 URI 的字符串解码成最初的字符串并返回。其语法格式如下：

```
decodeURI（URI）
```

URI 为需要解码的网络资源地址。

此函数可以将使用 encodeURI()转码的网络资源地址转化为字符串并返回，即 encodeURI()函数的逆向操作。

5.6 实例：函数的定义与调用

5.6.1 学习目标

1）综合运用 JavaScript 基本语句。

2）掌握函数的定义与调用。

5.6.2 实例介绍

如图 5-4 所示为玩具直升飞机在线订购的页面。

图 5-4　玩具直升飞机在线订购

静态页面代码如下：

```
<html>
    <head>
        <title>玩具直升飞机在线订购！</title>
    </head>
    <body>
        <form name="calc">
            <p>
                <font size="4">玩具直升飞机在线订购！</font><br>
                <img src="images/plane.jpg" width="176" height="91"><br>
                购买价格：<input name="num1" type="text" value="180" size="15"> <br>
                购买数量：<input name="num2" type ="text" size="15"> <br>
                预计总价：<input name="result" type ="text" size="15">
            </p>
            <p><input name="getAnswer" type ="button" value="计算看看"></p>
        </form>
    </body>
```

```
</html>
```

实现以下功能：当用户输入购买数量后，单击“计算看看”按钮后，计算总价值。然后，弹出提示窗口显示赠送信息，如果购买总值在 500～1000 元时赠送螺旋桨一套，购买总值在 1000～2000 时赠送螺旋桨两套，当购买总值大于 2000 元时送螺旋桨 3 套。

5.6.3 实施过程

根据实例界面与要求，实施过程可以分为以下 4 步。

1）定义与调用函数。在<head>标记内定义函数 calcu()，同时给按钮添加事件调用函数 calcu()。

函数定义如下：

```
<head>
    function calcu(){
        }
</head>
```

使用按钮的 onClick 事件调用 calcu()函数。

```
<p><input name="getAnswer" type ="button" onClick="calcu()" value="计算看看"></p>
```

2）在 calcu()函数中获取购买价格 num1 与购买数量 num2 内的值，然后判断不能为空，而且要大于 0。

代码如下：

```
function calcu(){
    //获取价格与数量的数值
    var numb1= document.calc.num1.value;
    var numb2= document.calc.num2.value;
    //判断价格与数量文本框是否为空
    if ((numb1!="") && (numb2!=""))
      {
      if (parseFloat(numb1)<0)
      {
        alert("价格不能小于 0！ \n 请重填");
        return;
      }
else
  alert("购买数量或购买价格没有填写\n 请重新输入！ ");
}
```

3）计算总值，然后通过判断语句判断客户将享受什么样的赠送。代码如下：

```
var total= parseFloat(numb1)*parseFloat(numb2);
document.calc.result.value=total;
if ((total>500) &&(total<=1000))
      alert("购买总价超过 500\n 支付时将赠送螺旋桨一套！ ");
```

```
if ((total>1000) &&(total<=2000))
        alert("购买总价超过 1000\n 支付时将赠送螺旋桨两套！");
if ((total>2000))
        alert("购买总价超过 2000\n 支付时将赠送螺旋桨三套！");
```

说明：

document.calc.num1.value 为获取购买价格文本框表单元素的值。

parseFloat(numb1)表示为购买价格文本框表单元素的值进行浮点型转换。

最后，在购买数量中输入 8，然后单击“计算看看”按钮，进行测试，界面如图 5-5 所示。

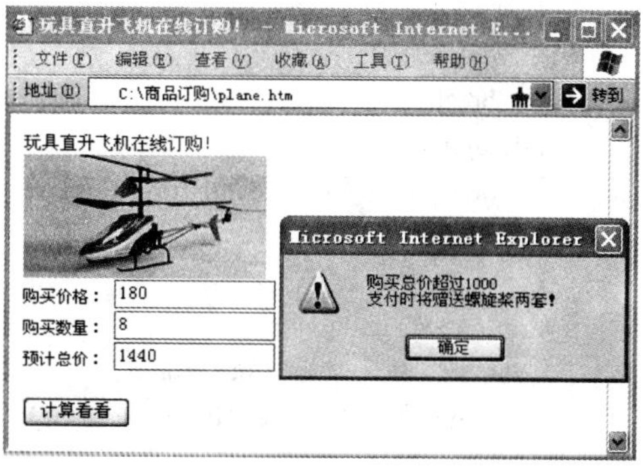

图 5-5　玩具直升飞机在线订购功能测试

5.6.4 实例拓展

在玩具直升飞机在线订购页面的基础上。假设增加一项“支付方式”的下拉框，因为不同的支付方式，将享受不同的优惠打折。假定规则如下：

银行转账——打 6 折；

电话支付——打 7 折；

邮政汇款——打 8 折；

现金支付——打 9 折。

所以，根据不同的选择，可以使用 switch 语句来实现。

首先添加下拉列表框：

```
<select name="pay" >
    <option value="">--请选择支付方式--</ option >
    < option value="1">银行转账</ option >
    < option value="2">电话支付</ option >
    < option value="3">邮政汇款</ option >
    < option value="4">现金支付</ option>
</select>
```

然后，获取下拉列表框 pay 的值，再使用 switch 语句判断客户享受几折优惠。

核心代码如下：

```
var m=document.calc.pay.value;
switch(parseInt(m))
{
  case 1:
    grade=0.6 ;  //打 6 折优惠
    break;
  case 2:
    grade=0.7 ;  //打 7 折优惠
```

```
        break;
    case 3:
        grade=0.8 ;  //打 8 折优惠
        break;
    case 4:
        grade=0.9 ;  //打 9 折优惠
        break;
    default:
        alert("请重新选择支付方式！");
        return;
}
var money=total*grade;
document.calc.result.value=money;
alert("您享受了"+grade*10+"折优惠！");
```

改进后的完整代码详见拓展文件夹中的页面文件。

5.7 习题

1）在 JavaScript 函数的格式中，下列各组成部分中，（　　）是可以省略的。

A．函数名　　B．指明函数的一对圆括号（）

C．函数体　　D．函数参数

2）如果有函数定义 function f(x,y){……}，那么以下正确的函数调用是（　　）。

A．f1,2　　B．(1)

C．f(1,2)　　D．f(,2)

3）定义函数时，在函数名后面的圆括号内可以指定（　　）参数。

A．0 个　　B．1 个　　C．2 个　　D．任意个

4）参数之间必须用（　　）分隔。

A．逗号　　B．句号　　C．分号　　D．空格

第 6 章　常用内置对象

6.1　数组对象

数组（Array）是用来存储和操作一批具有相同类型数据的对象类型，有多种预定义的方法以方便程序员使用。

6.1.1　新建数组

使用数组之前，首先要用关键字 new 新建一个数组对象，根据需要，可以用下述 3 种方法新建数组。

第一种：新建一个长度为零的数组。

```
var 变量名=new Array( );
```

例如：

```
var myArray=new Array( );
```

第二种：新建一个指定长度为 n 的数组。

```
var 变量名=new Array(n);
```

例如：

```
var myArray=new Array(6);
```

第三种：新建一个指定长度的数组。

```
var 变量名=new Array(元素 1,元素 2,元素 3,…);
```

例如：

```
var myColor=new Array("红色","绿色", "蓝色");
```

6.1.2　引用数组元素

JavaScript 中数组元素序列是通过下标来识别的，这个下标序列从 0 开始计算。例如长度为 6 的数字，其元素序列为 0～5。

通过数组的下标可以引用数组元素，为数组元素赋值，其语法规则是：

```
数组变量名[i]=值;
```

取值的语法规则是：

```
变量名=数组变量名[i];
```

例如：

```
myColor[0]= "红色";
myColor[1]= "绿色";
var carcolor=myColor[0];
```

在创建数组时，可以直接为数组元素赋值：

```
var myColor;
myColor =new Array（"红色","绿色","蓝色","黄色");
```

也可以分别为数组元素赋值，例如：

```
myColor=new Array(4);
myColor[0]= "红色";
myColor[1]= "绿色";
myColor[2]= "蓝色";
myColor[3]= "黄色";
```

两种赋值方式的结果相同，如图 6-1 所示。

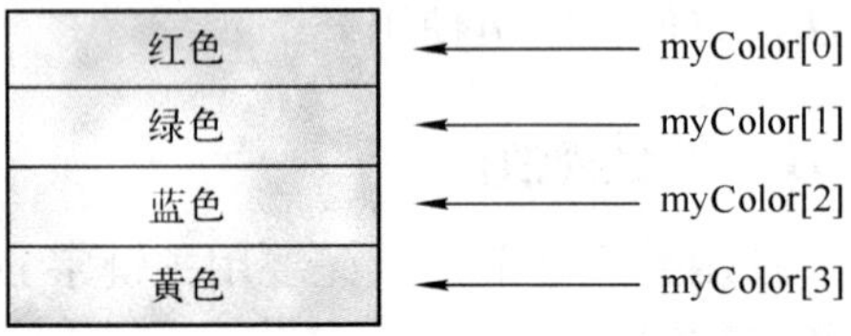

图 6-1　数组赋值示意图

6.1.3　动态数组

JavaScript 数组的长度是固定不变的，例如要增加数组的长度，只要直接赋值一个新元素就可以了。语法规则如下：

```
数组变量[数组变量.长度]=值;
```

例如，有一个长度为 3 的数组 myColor，那么，下述语句将使该数组的长度为 4：

```
myColor[4]= "黄色";
```

或

```
myColor[myColor.length]= "黄色";
```

6.1.4　数组对象的常用属性与方法

Array 只有一个属性 length。length 表示的是数组所占内存空间的数目，而不仅仅是数组中元素的个数，改变数组的长度可以扩展或者截取所占内存空间的数目。

假设定义以下数组：

```
var a1=new Array("a","b","c");
var a2=new Array("y "," x ","z");
```

下面是数组的一些常用方法如表 6-1 所示。

表 6-1　数组的常用方法

方法名称	意　义	示　例
toString()	把数组转换成一个字符串	var s=a1.toString() 结果 s 为 a,b,c
join（分隔符）	把数组转换成一个用符号连接的字符串	var s=a1.join("+") 结果 s 为 a+b+c
shift()	将数组头部的第一个元素移出	var s=a1.shift() 结果 s 为 a

（续）

方法名称	意　　义	示　　例
unshift()	在数组头部插入一个元素	a1.unshift("m","n") 结果 a1 中为 m,n,a,b,c
pop()	从数组尾部删除一个元素	var s=a1.pop() 结果 s 为 c
push()	把一个元素添加到数组的尾部	var s=a1.push("m","n")结果 a1 为 a,b,c,m,n
concat()	合并数组	a1.concat(a2) 结果 a1 为数组 a,b,c,y,x,z
slice()	返回数组的部分	var s=a1.slice (1,3) 结果 s 为 b,c
splice()	插入、删除或者替换一个数组元素	a1.splice(1,2)结果 a1 为 a
sort()	对数组进行排序操作	a2.sort()结果 a2 为 x,y,z
reverse()	将数组反向排序	a2. reverse()结果 a2 为 z,y, x

【示例 6-1】 数组元素的引用与属性、方法的使用。

其核心代码如下：

```
<script language="javascript">
    var menus = new Array("1 网站首页", "3 专业建设", "2 师资队伍", "4 教学改革");
    document.write("======while 循环语句显示数组数据======", "<br>");
    var i=0;
    while (i < menus.length) {
        document.write("menus[", i, "]=", menus[i], "<br>");
        i++;
    }
    menus.sort();
    document.write(menus+"<br>");
    menus.reverse();
    document.write(menus+"<br>");
    menus.push("5 教学管理","6 改革创新");
    document.write(menus);
    </script>
```

运行代码，浏览页面效果如图 6-2 所示。

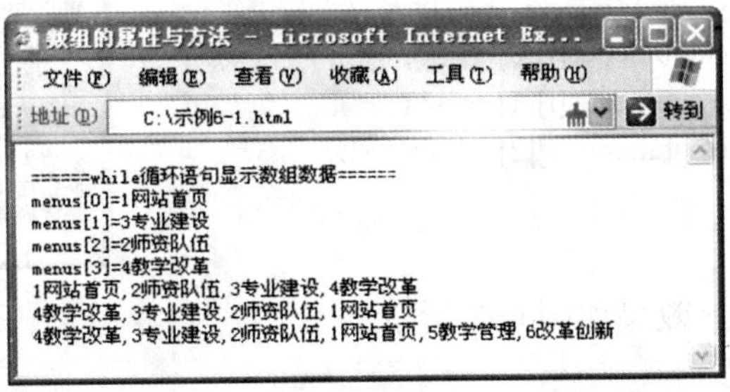

图 6-2　数组元素的引用与属性、方法的使用

课后可以分别使用 for、do…while 语句和 for…in 语句实现数据显示。

6.1.5　二维数组

二维数组是在一维数组基础上定义的，即当一维数组的元素又都是一维数组时，就形成了二维数组，例如：

```
var submenus =new Array();
submenus[0]= [];
submenus[1]= ["建设目标","建设思路","培养队伍"];
submenus[2]= ["负责人","队伍结构","任课教师","教学管理","合作办学"];
```

以上的代码也可以表示为下列等价代码：

```
var submenus =new Array(
new Array(),
new Array("建设目标","建设思路","培养队伍"),
new Array("负责人","队伍结构","任课教师","教学管理","合作办学")
);
```

以上代码还可以写成：

```
var submenus =[[] ,["建设目标","建设思路","培养队伍"], ["负责人","队伍结构","任课教师"， 教学管理","合作办学"]];
```

通过数组名和下标访问数组元素。二维数组的元素必须使用数组名和两个下标来访问，第一个为行下标，第二个为列下标。格式为：

```
二维数组名[行下标][列下标]
```

数组元素的下标不能出界，否则会显示“undefined”（空值）。

【示例 6-2】 二维数组的数据访问。

其代码如下：

```
<script language="javascript">
    var submenus =new Array();
    submenus[0]= [];
    submenus[1] = ["建设目标", "建设思路", "培养队伍"];
    submenus[2] = ["负责人", "队伍结构", "任课教师"];
    for (var i = 0; i < submenus.length; i++) {
    document.write("=============<br />");
    document.write(submenus[i][0] + "<br />");
    document.write(submenus[i][1] + "<br />");
    document.write(submenus[i][2] + "<br />");
}
</script>
```

图 6-3 二维数组元素的数据访问

运行代码，浏览页面，效果如图 6-3 所示。

6.2 字串对象

6.2.1 使用字串对象

字串（String）对象是 JavaScript 最常用的内置对象。当使用字串对象时，并不一定需要用关键字 new。任何一个变量，如果它的值是字串，那么，该变量就是一个字串对象。因此，下述两种方法产生的字串变量效果是一样的：

```
var mystring="this sample too easy! ";
var mystring=new String("this sample too easy! ");
```

6.2.2 字串相加

字串中最常用的操作是字串相加，前面在介绍运算符号时已经提到过，只要直接使用加号“+”就可以了，例如：

```
var mystring="this sample"+" too easy! ";
```

也可以使用“+=”进行连续相加，即：

```
mystring+="<br>";
```

等效于：

```
mystring= var mystring+"<br>";
```

如果字串与变量或者数字相加时，需要考虑字串与整数、浮点数之间的转换。

如果要将字串转换为整数或浮点数，只要使用函数 parseInt(s,b)或 parseFloat(s)就可以了，其中 s 表示所要转换的字串，b 表示要转换成几进制的整数。

例如：

```
var x=600;
var y="100" ;
var z;
z=x+y;
```

变量 x 是整型，y 是字符串类型，上述语句相当于；

```
z="600"+"100"
```

所以出现了“600100”的结果，而不是 700。

所以代码应修改为：

```
z=x+parseInt(y);
```

6.2.3 在字串中使用单引号、双引号及其他特殊字符

通过第 4 章的学习可知，JavaScript 的字串既可以使用单引号，也可以使用双引号，但是，前后必须一致。前后不一致则会导致运算时出错，例如：

```
var mystring='this sample too easy! ";
```

如果字串中需要加入引号，可以使用与字串的引号不同的引号，例如：

```
var mystring='this sample too "easy "! ';
```

也可以使用反斜杠“\”，例如：

```
var mystring= "this sample too \"easy! \"";
```

如果要在字串中加入回车符，可以使用“\n”。

【示例 6-3】 字串中引号及其他符号的使用。

其代码如下：

```
<script language="javascript">
        var errorMessage="\"Username\" is invalid \n";
        errorMessage+="\"Userpassword\" is invalid ";
        alert(errorMessage);
</script>
```

运行代码，浏览页面，效果如图 6-4 所示。

图 6-4　字串中引号及其他符号的使用

6.2.4　比较字串是否相等

比较两个字串是否相等，只要直接使用逻辑比较符“==”就可以了。例如下述的函数用于判断字串变量是否为空字串或 null，如果是，则返回 true；否则，返回 false。

```
function isEmpty（inputString）{
if (inputString==null || inputString== "")
        retrun true;
else
        return false;
}
```

6.2.5　字串对象的属性与方法

字串对象调用属性的规则如下：

```
字串对象名.字串属性名
```

字串对象调用方法的规则如下：

```
字串对象名.字串方法名(参数 1,参数 2,……)
```

表 6-2 表示了 String 对象中的属性与方法。以字串 var myString=“this sample too easy!”为例，其中字串对象的“位置”是从 0 开始，例如，字串中第 0 位置的字符是“t”，第 1 位置的是“h”，……依次类推。

表 6-2　String 对象的属性和方法

属性与方法名称	意　义	示　例
length	返回字串的长度	myString.length 结果为 21
charAt（位置）	字串对象在指定位置处的字符	myString.charAt(2)结果为 i
charCodeAt（位置）	字串对象在指定位置处的字符的 Unicode 值	myString.charCodeAt(2)结果为 105
indexOf（要查找的字串）	要查找的字符串在字串对象中的位置	myString.indexOf("too")结果为 12
lastIndexOf（要查找的最后的字串）	要查找的字符串在字串对象中的最后位置	myString. lastIndexOf ("s")结果为 18
substr（开始位置[,长度])	截取字串	myString. substr(5,6)结果为 sample
substring（开始位置,结束位置）	截取字串	myString. substring(5,11)结果为 sample

split（[分隔符])	分隔字串到一个数组中	var a= myString.split();
		document.write(a[5]);输出为 s
		document.write(a);
		结果 t,h,i,s, ,s,a,m,p,l,e, ,t,o,o, ,e,a,s,y,!

replace（需替代的字串，新字串）	替代字串	myString.replace("too","so")，结果为 this sample so easy !
toLowerCase()	变为小写字母	本串使用本方法后效果不变，因为原本都是小写
toUpperCase()	变为大写字母	myString. toUpperCase()结果为 THIS SAMPLE TOO EASY !
big()	增大字串文本	与<big></big>效果相同
bold()	加粗字符串文本	与<bold></bold >效果相同
fontcolor()	确定字体颜色	
italics()	用斜体显示字符串	与<I></I>效果相同
small()	减小文本的大小	与<small ></small >效果相同
strike()	显示带删除线的文本	与<strike ></strike >效果相同
sub()	将文本显示为下标	与<sub ></sub >效果相同
sup()	将文本显示为上标	与<sup ></sup >效果相同

6.2.6　字串对象应用实例

其中，最常用的是 indexOf( )方法，其用法如下：

字串对象.indexOf("查找的字符或字串"，查找的起始位置)

如果找到了，则返回找到的位置，如果没找到，返回-1。

【示例 6-4】 验证文本框中输入的是否为电子邮箱格式。

如图 6-5 所示为电子邮件的注册页面。

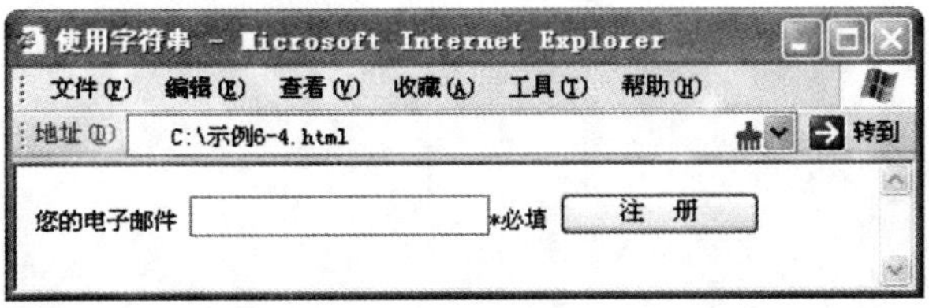

图 6-5　电子邮件注册界面

表单代码设计如下：

```
<form name="myform" method="post" action="">
        您的电子邮件
        < input name="email" type="text" id="email">*必填
        <input name="register" type="button" value="注册" onClick="checkEmail( )">
</form>
```

编写 checkEmail( )函数的代码如下：

```
<script language="javascript">
   function checkEmail( )    {
     var e=document.myform.email.value;
      if (e.length==0)  {                    //判断字串是否为空
         alert("电子邮件不能为空!");
          return ;
      }
     if (e.indexOf("@",0)==-1)     {         //判断字串是否包含@符号
         alert("电子邮件格式不正确\n 必须包含@符号！");
          return ;
      }
     if (e.indexOf(".",0)==-1)      {        //判断字串是否包含.符号
         alert("电子邮件格式不正确\n 必须包含.符号！");
          return ;
      }
      document.write("恭喜您！注册成功！");
   }
</script>
```

在浏览器中查看页面，输出结果如图 6-6 所示。

图 6-6　使用 String 对象验证 E-mail 格式

6.3　数学对象

6.3.1　使用数学对象

JavaScript 的数学（Math）对象提供了大量的数学常数和数学函数，使用时不需要用关键字 new 而可以直接调用 Math 对象。例如，下述示例使用数学常数圆周率π计算圆面积。

```
var r=5;
var area=Math.PI*Math.pow(r,2);              //π*r*r
```

如果语句中需要大量使用 Math 对象，可以使用 with 语句，简化程序。例如上述程序可以简化为：

```
with（Math）{
var r=5;
var area=PI* pow(r,2);
}
```

6.3.2 数学对象的属性与方法

数学对象调用属性的规则如下：

```
Math.属性名
```

数学对象调用方法的规则如下：

```
Math.方法名（参数 1,参数 2,…）
```

Math 对象的属性与方法如表 6-3 所示。

表 6-3 Math 对象的属性和方法

属性与方法名称	意　义	示　例
E	欧拉常量，自然对数的底	约等于 2.71828
LN2	2 的自然对数	约等于 0.69314
LN10	10 的自然对数	约等于 2.30259
LOG2E	以 2 为底的 e 的自然对数	约等于 1.44270
LOG10E	以 10 为底的 e 的自然对数	约等于 0.43429
PI	π	约等于 3.14159
SQRT1_2	0.5 的平方根	约等于 0.70711
SQRT2	2 的平方根	约等于 1.41421
abs(x)	返回 x 的绝对值	abs(5)结果为 5，abs(-5)结果为 5
sin (x)	返回 x 的正弦，返回值以弧度为单位	Math.sin(Math.PI*1/4)结果为 0.70711
cos (x)	返回 x 的余弦，返回值以弧度为单位	Math.cos(Math.PI*1/4)结果为 0.5
tan (x)	返回 x 的正切，返回值以弧度为单位	Math.tan(Math.PI*1/4)结果为 0.99999
ceil(x)	返回与某数相等，或大于概数的最小整数	ceil(-18.8)结果为-18；ceil(18.8)结果为 19
floor(x)	返回与某数相等，或小于概数的最大整数	floor (-18.8)结果为-19；floor (18.8)结果为 18
exp(x)	e 的 x 次方	exp(2) 结果为 7.38906
log(x)	返回某数的自然对数（以 e 为底）	log(Math.E) 结果为 1
min (x,y)	返回 x 和 y 两个数中较小的数	min (2,3) 结果为 2
max(x,y)	返回 x 和 y 两个数中较大的数	max (2,3) 结果为 3
pow(x,y)	x 的 y 次方	pow(2,3) 结果为 8
random()	返回 0～1 的随机数	
round (x)	四舍五入取整	round (5.3) 结果为 5
sqrt (x)	返回 x 的平方根	sqrt (9)结果为 3

JavaScript 除了提供上述的数学对象外，还提供了一些特殊的常数和函数用于数学计算。

1．常数 NaN 和函数 isNaN(x)

在使用 JavaScript 数学对象的过程中，当得到的结果无意义时，JavaScript 将返回一个特殊的值 NaN，表示“不是一个数（Not a Number）”。例如，在使用 parseInt(x)转化成整数时，如果 x 是个字符，例如 parseInt("M")，执行以下代码 document.write(parseInt("M"))，将返回 NaN。

使用 JavaScript 的 isNaN(x)函数，可以测试其参数是否是 NaN 值。例如：

```
<script language="javascript">
var x=parseInt("M");
if (isNaN(x))
    document.write("parseInt 函数的参数错误");
else
    document.write("parseInt 函数的结果是"+x);
</script>
```

在浏览器中执行上述代码，结果显示为“parseInt 函数的参数错误”，如果将 parseInt("M")修改为 parseInt("100.3")，则显示结果为“parseInt 函数的结果是 100”。

2．常数 Infinity 和函数 isFinite(x)

JavaScript 还有一个特殊的常数叫做 Infinity，表示“无限”。例如，下述示例中，由于等式右侧的表达式都是被 0 除，因此，x1 的值是 Infinity，x2 的值是-Infinity。

```
x1=5/0;
x2=-5/0;
```

JavaScript 中用于测试某数是不是有限数的函数叫做 isFinite(x)。例如，在上述两个语句后面加入下述两个语句，它们都将返回 false。

```
flag1=infinite(x1);
flag2=infinite(x2);
```

6.3.3 数字的格式化与产生随机数

1．数字的格式化

格式化数字指的是将整数或浮点数按指定的格式显示出来，例如 2568.5286 按不同的格式要求显示如下：

保留两位小数的效果 2568.53；

保留 3 位小数的效果 2568.529。

通常采用数学（Math）对象的 round(x)方法实现。

```
Math.round(aNum*Math.pow(10,n))/Math.pow(10,n)     //保留 n 位小数
```

这种方法用于需要保留的位数少于或等于原数字的小数位数，截取小数位数时采用四舍五入的方法。例如：

```
var aNum=2568.5286;
```

```
var r1=Math.round(aNum*100)/100 ;                    //保留 2 位小数
var r2=Math.round(aNum*1000)/1000;                  //保留 3 位小数
```

2．产生随机数

产生 0～1 的随机数的方法是可以直接使用 Math.random()函数。

产生 0～n 之间的随机数可以使用下面的方法：

```
Math.floor(Math.random()*(n+1))
```

产生 n1～n2（其中 n1 小于 n2）之间的随机数的方法：

```
Math.floor(Math.random()*(n2-n1))+n1
```

6.3.4 数学对象应用实例

【示例 6-5】 随机产生半径，然后再计算圆的周长与面积函数，运算结果的周长与面积保留两位小数。

表单设计的代码如下：

```
<form name=myform id="myform">
  半径：<input name="n1" type="text"> <br>
  周长：<input name="n2" type="text"> <br>
  面积：<input name="n3" type="text"> <br>
  <input name="calC" type=button value="随机产生半径" onClick="randomN( )">
  <input name="calS" type=button value="  计  算  " onClick="compute( )">
</form>
```

界面设计如图 6-7 所示。

编写 calC 按钮的 randomN( )函数（随机产生 1～100 的数字）的代码如下：

```
function randomN( ){
    var m=Math.floor(Math.random()*(100-1))+1;
    document.myform.n1.value=m;
}
```

编写 calS 按钮的 compute( )函数的代码如下：

```
function compute( ){
     var r=document.myform.n1.value;
     if (isNaN(r)==false && r.length!=0) {
     var C,S;
      C=2*Math.PI*parseFloat(r);
      S=Math.PI*Math.pow(r,2);
      C=Math.round(C*100)/100;
      S=Math.round(S*100)/100;
      document.myform.n2.value=C;
      document.myform.n3.value=S;
    }
    else
```

```
        alert("请输入半径，必须为数字！");
    }
```

在浏览器中查看页面时，输出结果如图 6-8 所示。

图 6-7 表单界面设计

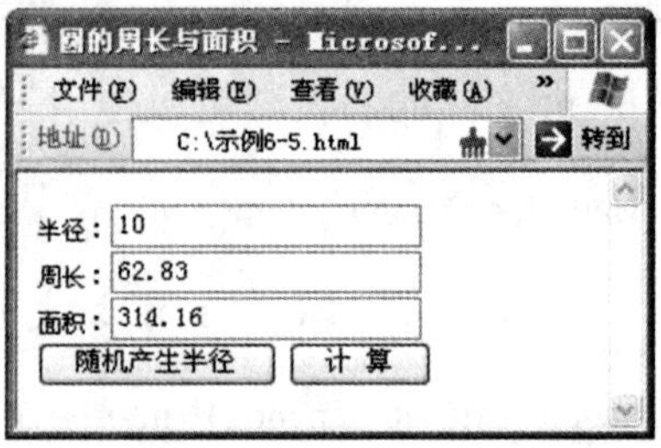

图 6-8 使用 Math 函数计算圆的周长与面积

6.4 日期对象

6.4.1 新建日期

使用关键字 new 新建日期（Date）对象时，可以用下述几种方法：

```
new Date();
new Date(日期字串);
new Date(年,月,日[,时,分,秒,毫秒]);
```

如果新建日期对象时不包含任何参数，得到的是当日的日期。

如果使用了“日期字串”作为参数，其格式可以使用 Date.parse()方法识别任何一种表示日期、时间的字串，例如“April 10，2012”，“12/24/2012 18:11:16”，“Sat Sep 18 09:22:28 EDT 2004”等。

如果使用“(年,月,日[,时,分,秒,毫秒])”作为参数，这些参数都是整数，其中“月”从 0 开始计算，即 0 表示一月，1 表示二月，……，依此类推。方括号中的参数可以不填写，其值就表示 0。

如果使用“毫秒”作为参数，该数代表的是从 1970 年 1 月 1 日至指定日期的毫秒数值。

新建日期得到的结果是标准的日期字串格式，如果没有指定时区的话，返回的将是当地时区（计算机默认设定）的时间。

6.4.2 日期对象的属性与方法

Date 对象的方法组如表 6-4 所示。

表 6-4 Date 对象的方法组

方 法 组	说 明
set	这些方法用于设置时间和日期值
get	这些方法用于获取时间和日期值
To	这些方法用于从 Date 对象返回字符串值
parse & UTC	这些方法用于解析字符串

用于表示 Date 方法的参数的整数如表 6-5 所示。

表 6-5　显示值及其对应的整数

值	整　数
seconds 和 minutes	0～59
hours	0～23
day	0～6（星期几）
date	1～31（月份中的天数）
months	0～11（一月至十二月）

get、set、to 和 parse 方法的功能如下。

get 方法如表 6-6 所示。

表 6-6　使用 get 分组的方法

方　法	说　明
getDate	返回 Date 对象中月份中的天数，其值介于 1 至 31 之间
getDay	返回 Date 对象中的星期几，其值介于 0 至 6 之间
getHours	返回 Date 对象中的小时数，其值介于 0 至 23 之间
getMinutes	返回 Date 对象中的分钟数，其值介于 0 至 59 之间
getSeconds	返回 Date 对象中的秒数，其值介于 0 至 59 之间
getMonth	返回 Date 对象中的月份，其值介于 0 至 11 之间
getFullYear	返回 Date 对象中的年份，其值为四位数
getTime	返回自某一时刻（1970 年 1 月 1 日）以来的毫秒数

set 方法如表 6-7 所示。

表 6-7　使用 set 分组的方法

方　法	说　明
setDate	设置 Date 对象中月份中的天数，其值介于 1 至 31 之间
setHours	设置 Date 对象中的小时数，其值介于 0 至 23 之间
setMinutes	设置 Date 对象中的分钟数，其值介于 0 至 59 之间
setSeconds	设置 Date 对象中的秒数，其值介于 0 至 59 之间
setTime	设置 Date 对象中的时间值
setMonth	设置 Date 对象中的月份，其值介于 0 至 11 之间

to 方法如表 6-8 所示。

表 6-8　使用 to 分组的方法

方　法	说　明
ToGMTString	使用格林尼治标准时间（GMT）数据格式将 Date 对象转换成字符串表示
ToLocaleString	使用当地时间格式将 Date 对象转换成字符串表示

parse 方法和 UTC 方法如表 6-9 所示。

表 6-9 parse 方法和 UTC 方法

方 法	说 明
Date.parse (date string)	用日期字符串表示自 1970 年 1 月 1 日以来的毫秒数
Date.UTC (year, month, day, hours, min., secs.)	Date 对象中自 1970 年 1 月 1 日以来的毫秒数

6.4.3 日期对象应用实例

setTimeOut()函数为 JavaScript 提供的一个定时器函数，就像闹钟一样，设置一个时间后，定时提示浏览者。

setTimeOut()函数的语法如下：

```
setTimeOut("调用函数","定时时间")；//表示每隔多长时间，循环调用函数执行，直到关闭页面为止。
```

关闭定时器的语法如下：

```
var myTime = setTimeout("disptime()",1000);
clearTimeOut(myTime);
```

其中，myTime 为 setTimeOut()函数返回的定时器对象，时钟显示就是定时器的应用。

【示例 6-6】 动态时钟的实现。

首先添加一个表单与文本框，用来显示动态时钟，代码如下：

```
<form name="myform">
    <input name="myclock" type="text" value="" size="20" >
</form>
```

然后编写一个样式表设置文本框的样式。

```
<style type="text/css">
    input {
     font-size: 30px;
     color: #FFFFFF;
     background-color:#930;
     border:4px double #900;
    }
</style>
```

编写时钟显示的日期对象代码，将代码放置在表单元素之后。

```
<script language="javascript">
    function disptime( ){
     var time = new Date( );                //获得当前时间
     var year = time.getFallYear();         //获得年
     var month = time.getMonth();           //获得月
     var date = time.getDate();             //获得日
     var hour = time.getHours( );           //获得小时、分钟、秒
     var minute = time.getMinutes( );
     var second = time.getSeconds( );
```

```
        if (minute < 10)                         //如果分钟只有 1 位，补 0 显示
          minute="0"+minute;
        if (second < 10)                         //如果秒数只有 1 位，补 0 显示
          second="0"+second;
        /*设置文本框的内容为当前时间*/
        document.myform.myclock.value  =year+" 年 "+month+" 月 "+date+" 日 "+hour+":"+minute+":"+second
        /*设置定时器每隔 1s（1000ms），调用函数 disptime()执行，刷新时钟显示*/
        var myTime = setTimeout("disptime()",1000);
      }
      disptime( );
  </script>
```

在浏览器中查看页面，输出结果如图 6-9 所示。

a)

b)

图 6-9 使用动态时钟的实现

a) 运行时刻的时间显示 b) 运行一段时间后的效果

代码中 disptime( )函数也可以通过 onLoad 事件进行触发。加载在<body>标记中，例如：

```
<body onLoad="disptime( )">
```

6.5 实例：使用二维数组实现下拉框的级联

6.5.1 学习目标

1）掌握常用内置对象的使用。

2）掌握常用数组的使用。

6.5.2 实例介绍

如图 6-10 所示的页面中如果选择第一个下拉框中的省份，然后在第二个下拉框中显示相应的城市。

图 6-10 表单布局结构

省市的对应关系如下：

江苏：南京 无锡 徐州 常州 苏州 南通 连云港 淮安 盐城 扬州 镇江 泰州 宿迁

浙江：杭州 宁波 温州 嘉兴 湖州 绍兴 金华 衢州 舟山 台州 丽水

吉林：长春 吉林 四平 辽源 通化 白山 松原 白城 延边

福建：福州 厦门 莆田 三明 泉州 漳州 南平 龙岩 宁德

6.5.3 实施过程

分析：由于每个省中的城市名称都是同一类型的数据，所以可以使用数组来表示每个省中的多个城市，表示形式如下所示。

cityList[0]	"南京", "无锡", "徐州", "常州", "南通", "连云港"	0
cityList[1]	"杭州", "宁波", "温州", "嘉兴", "湖州", "绍兴"	1
cityList[2]	"福州", "厦门", "莆田", "三明", "泉州", "漳州"	2
cityList[3]	"长春", "吉林", "四平", "辽源", "通化", "白山"	3

由于下拉框索引号（selectedIndex）也是从 0 开始的，但是下拉框索引号 0 对应选项“--请选择省份--”、1 对应选项“江苏省”、2 对应选项“浙江省”、3 对应选项“福建省”、4 对应选项“吉林省”。

为了使用户选择的省份索引号找到对应的数组索引号，要把获得的省份索引号减去 1 才能与数组索引号一一对应，下拉框的索引号如图 6-11 所示。

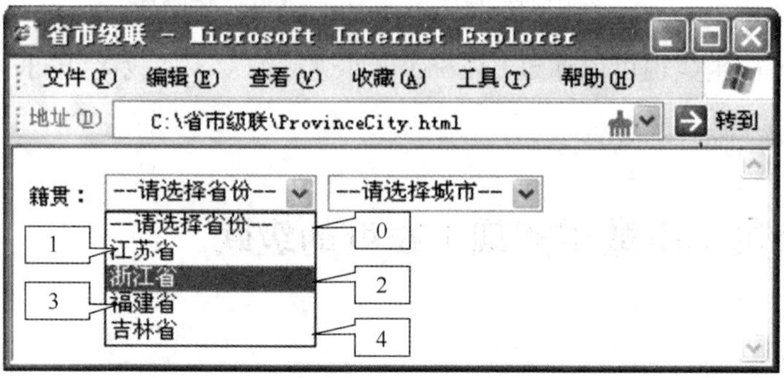

图 6-11 省份对应的下拉框索引号

整个分析过程是：首先，使用数组来存放每个省份包含的城市名称，如 cityList[0]存储“江苏省”包含的城市名称，cityList[1]存储“浙江省”包含的城市名称，cityList[2]存储“福建省”包含的城市名称，cityList[3]存储“吉林省”包含的城市名称；其次，根据用户在“省份”下拉框中选择省份选项所对应的省份索引号，如 1 对应江苏省，2 对应浙江省，3 对应福建省，4 对应吉林省，找到对应的数组索引号（如 0、1、2、3、4）；最后，根据对应的数组内容（如 cityList[0]对应的内容有“南京”“无锡”“徐州”“常州”“南通”“连云港”等），添加城市选项到“城市”下拉框中。

同时，要自定义一个 JavaScript 函数，该函数的功能是当触发省份“第一级分类”下拉菜单中的 onChange 事件时，先清空城市“第二级分类”下拉菜单的选项内容，然后再将省份对应城市的名称信息装载到城市的“第二级分类”下拉菜单中。实现过程如下。

第一步：设计与编写表单页面。

表单页面与表单元素名称以及事件如图 6-12 所示。

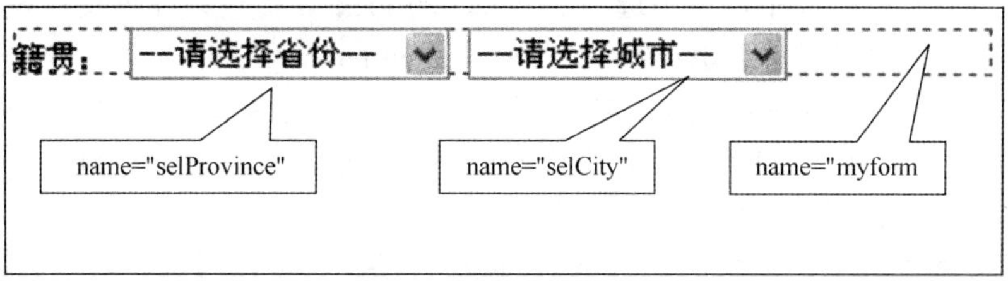

图 6-12　表单与表单元素的名称及事件

表单的代码如下：

```
<form name="myform">
籍贯：
    <select name="selProvince" id="selProvince">
        <option>--请选择省份--</option>
        <option value="江苏省">江苏省</option>
        <option value="浙江省">浙江省</option>
        <option value="福建省">福建省</option>
        <option value="吉林省">吉林省</option>
    </select>
    <select name="selCity">
        <option>--请选择城市--</option>
    </select>
</form>
```

第二步：利用数组编写用于实现省市两级联动功能的 **JavaScript** 函数 **changeCity( )**。

```
function changeCity( ){
    //定义数组
    var cityList = new Array( );
    cityList[0]=['南京', '无锡', '徐州', '常州', '南通', '连云港', '淮安', '盐城', '扬州', '镇江', '泰州', '宿迁'];
    cityList[1]=['杭州', '宁波', '温州', '嘉兴', '湖州', '绍兴', '金华', '衢州', '舟山', '台州', '丽水'];
    cityList[2]=['福州', '厦门', '莆田', '三明', '泉州', '漳州', '南平', '龙岩', '宁德'];
    cityList[3]=['长春', '吉林', '四平', '辽源', '通化', '白山', '松原', '白城', '延边'];
    //获得省份选项的索引号，如四川省为 1，比对应数组索引号多 1
    var pIndex=document.myform.selProvince.selectedIndex-1;
    var newOption1;
    document.myform.selCity.options.length=0;
    for (var j in cityList[pIndex]) {
        newOption1=new Option(cityList[pIndex][j], cityList[pIndex][j]);
        document.myform.selCity.options.add(newOption1);
    }
}
```

在上述代码片段中，new Array()声明了一个空数组，它的元素个数是通过后面给数组进行赋值时动态确定，也就是 4 个元素（cityList[0]、cityList[1]、cityList[2]、cityList[3]），每个元素用来保存各省份对应的城市。document.myform.selProvince.selectedIndex 表示用来获取表单中“省份”下拉列表中被选中选项的 selectedIndex 属性值，即下拉列表中被选中选项的索引号（图 6-11 中“省份”下拉框索引号）。document.myform.selCity.options.length=0 表示清空表单中“城市”下拉列表中的内容（列表选项），即去掉已存在的下拉列表项。对于后面的 for 循环是用来给“城市”下拉列表添加下拉选项，先是根据数组内容创建选项，然后把创建好的选项添加到“城市”下拉列表中。

第三步：给“省份”下拉列表添加 onChange 事件程序，来实现当下拉选项改变时就调用函数 changeCity()功能。

```
<select name="selProvince" id="selProvince" onChange="changeCity( )">
        <option>--请选择省份--</option>
        <option value="江苏省">江苏省</option>
        <option value="浙江省">浙江省</option>
        <option value="福建省">福建省</option>
        <option value="吉林省">吉林省</option>
</select>
```

在上述代码片段中，先定义名称为 selProvince 的选项列表，它有 5 个列表项，这 5 个列表项所对应的下拉框索引号分别为 0、1、2、3、4 并将其 onChange 事件处理程序设置为函数 changeCity()。当选项发生改变时，就调用函数 changeCity()，从而实现省市两级联动功能。

在运行时，如果在“省份”下拉列表中选择“吉林省”，页面效果如图 6-13 所示。

图 6-13　省市级联菜单页面

6.5.4 实例拓展

在 JavaScript 中，除了可以通过非负整数下标访问数组元素之外，还可以使用标识符（字符串）下标访问数组。可以使用文字下标的数组再次优化上面的例子。

```
cityList[0]可以修改为 cityList['江苏省'];
cityList[1]可以修改为 cityList['浙江省'];
```

```
cityList[2]可以修改为 cityList['福建省'];
cityList[3]可以修改为 cityList['吉林省']。
```

那么在数组取值时不再通过读取索引号，而通过读取下拉框的标识（value），代码如下：

```
//获得省份选项的索引，这里使用标识
var pIndex=document.myform.selProvince.value;
```

详细参照“ProvinceCity 拓展.html”文件学习。

6.6 习题

1）在 JavaScript，中，（　　）方法可以对数组元素进行排序。

A．add()　　B．join()　　C．sort()　　D．length()

2）下列选项中，（　　）可以用来检索下拉列表框中被选项目的索引号。

A．selectedIndex　　B．options　　C．length　　D．add

3）下列关于 Date 对象的 getMonth()方法的返回值描述，正确的是（　　）。

A．返回系统时间的当前月　　B．返回值的范围介于 1～12 之间

C．返回系统时间的当前月+1　　D．返回值的范围介于 0～11 之间

4）下列关于类型转换函数的说法，正确的是（　　）。

A．parseInt("5.89s")的返回值为 6

B．parseInt("5.89s")的返回值为 NaN

C．parseFloat("36s25.8id")的返回值是 36

D．parseFloat("36s25.8id")的返回值是 3625.8

5）对字符串 str="welcome to china"进行下列操作处理，描述结果正确的是（　　）。

A．str.substring(1,5)返回值是"elcom"

B．str.length 的返回值是 16

C．str.indexOf("come",4)的返回值为 4

D．str.toUpperCase()的返回值是"Welcome To China"

6）setTimeOut("adv()",20)表示的意思是（　　）。

A．间隔 20s 后，adv()函数就会被调用

B．间隔 20min 后，adv()函数就会被调用

C．间隔 20ms 后，adv()函数就会被调用

D．adv()函数被持续调用 20 次

7）String 对象的方法不包括（　　）。

A．charAt()　　B．substring()

C．toUpperCase()　　D．length()

第 7 章　常用文档对象

7.1　文档对象结构

7.1.1　文档对象模型

文档对象（document）是浏览器窗口（window）对象的一个主要部分，如图 7-1 所示，它包含了网页显示的各个元素对象。

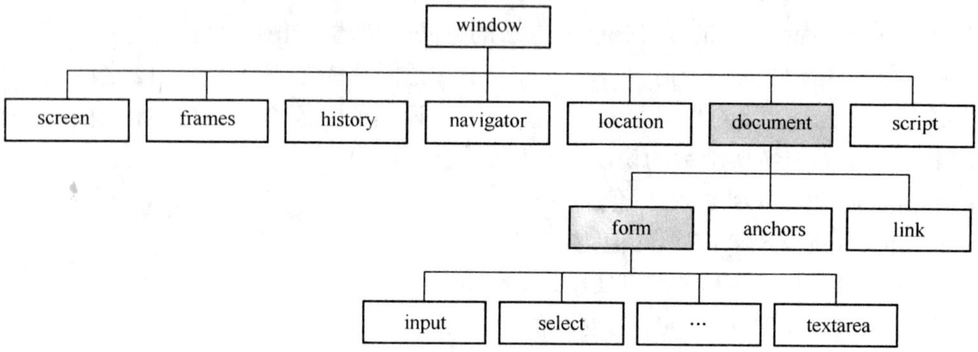

图 7-1　浏览器网页的文档对象模型结构图

HTML 文档中的元素静态地提供了各级文档对象的内容，CSS 设置了网页显示的样式，网页对象与 JavaScript 事件处理的关系，如图 7-2 所示。

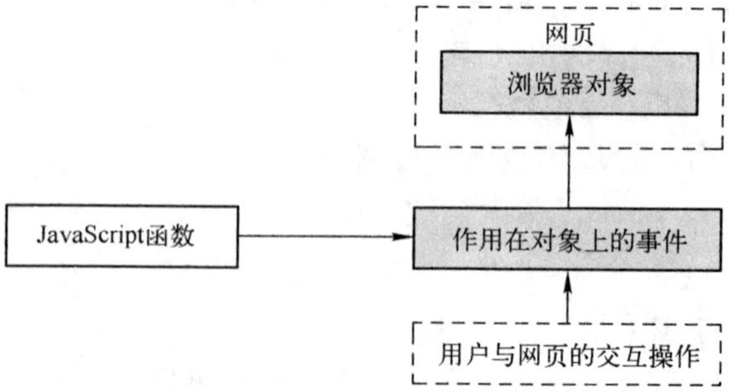

图 7-2　网页对象与 JavaScript 事件处理的关系

文档对象及其包含的各种元素对象与前面学习的 JavaScript 其他对象一样，具有属性和方法两大要素。通过 JavaScript 改变网页的内容和样式，实际上就是通过调用 JavaScript 函数改变文档中各个元素对象的属性值，或使用文档对象的方法，模仿用户操作的效果。

【示例 7-1】 文档对象与事件处理的关系实例。如图 7-3a 所示的“单击测试”按钮，单击一次后，按钮失效，不可再次单击，如图 7-3b 所示，但单击“重置元素”按钮后，“单击测试”按钮的功能恢复。

a) b)

图 7-3 网页对象与事件处理关系示例

a) 正常状态 b) 失效状态

失效函数与重置函数的代码如下：

```
function buttonDisable(){
    document.getElementById("buttonTest").disabled=true;
}
function buttonRe(){
    document.getElementById("buttonTest").disabled=false;
}
```

“单击测试”按钮与“重置元素”按钮的 HTML 代码如下：

```
<form name="form1">
    <input type="button" id="buttonTest" name="but1" value=" 单击测试 " onClick="buttonDisable()">
    <input type="button" id="buttonReset" name=" but2" value=" 重置元素 " onClick="buttonRe()">
</form>
```

示例中，HTML 文档中有两个按钮元素，标识 id 为 buttonTest 和 buttonReset，两个按钮也都有自己的 onClick 事件，只是调用的函数不同。当单击按钮时，函数才被执行。在函数中，JavaScript 通过按钮的 id 标识得到按钮对象 document.getElementById("buttonTest")，然后设置对象的 disabled 属性为 true 或 false。

7.1.2 文档对象的节点树

从图 7-1 中可以看出，文档对象中的内容与 HTML 文档中的元素是相对应的。实际上，每一个 HTML 文档都可以用节点树结构来表现，并且通过元素、属性和文字内容 3 要素来描述每一个节点。如图 7-4 所示为 HTML 文档的节点树示意图。

文档对象节点树有以下特点：

1）每一个节点树有一个根节点，如图 7-4 所示的<html>元素；

2）除了根节点，每一个节点都有一个父节点。如图 7-4 所示的除<html>元素以外的其他元素；

3）每一个节点都可以有许多的子节点；

4）具有相同父节点的节点叫做“兄弟节点”，如图 7-4 所示的<head>元素和<body>元素，<h1>元素和<p>元素等。

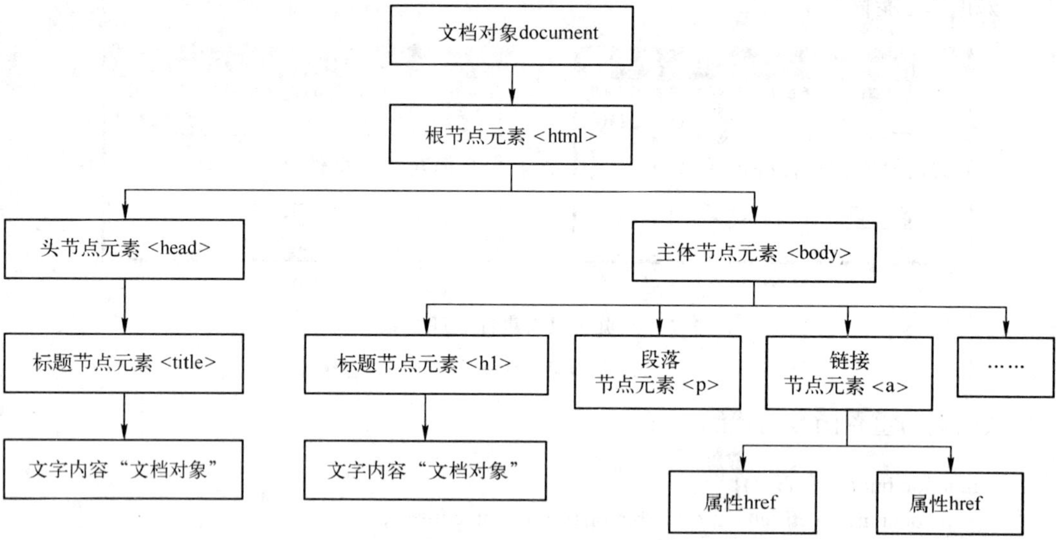

图 7-4　文档对象节点树示意图

文档对象节点树中的每一个节点代表了一个元素对象，这些元素的类型虽然可以各不相同，但是它们都具有相同的节点属性和方法，同时每一种元素对象还有一些特有的属性和方法，通过这些节点属性和方法，JavaScript 就可以方便地得到每一个节点的内容，并且可以进行添加、删除节点等操作。表 7-1 和表 7-2 分别列出了文档对象节点的常用属性和方法。

表 7-1　文档对象节点的常用属性

属　　性	意　　义
body	只能用于 document.body，得到 body 元素
innerHTML	元素节点中的文字内容，可以包括 HTML 元素内容
nodeName	元素节点的名字，是只读的，对于元素节点就是大写的元素名，对于文字内容就是“#text”，对于 document 就是“#document”
nodeValue	元素节点的值，对于文字内容的节点，得到的就是文字内容
parentNode	元素节点的父节点
firstChild	第一个子节点
lastChild	最后一个子节点
previousSibling	前一个兄弟节点
nextSibling	后一个兄弟节点
childNodes	元素节点的子节点数组
attributes	元素节点的属性数组

表 7-2　文档对象节点的常用方法

方　　法	意　　义
getElementById(id)	通过节点的标识得到元素对象
getElementsByTagName(name)	通过节点的元素名得到元素对象
getElementsByName(name)	通过节点的元素的属性 name 值得到元素对象

（续）

方　法	意　义
appendChild(node)	添加一个子节点
insertBefore(newNode,beforeNode)	在指定的节点前插入一个新节点
removeChild(node)	删除一个子节点
createElement("大写的元素标记名")	新建一个元素节点，只能用于 document.createElement（“大写的元素标记名”）

7.1.3 得到文档对象中元素对象的一般方法

JavaScript 使用节点的属性和方法，可以通过下述几种方式得到文档对象中的各个元素对象。

1．document.getElementById

如果 HTML 元素中设置了标识 id 属性，就可以通过这一方法直接得到该元素对象，它的格式是：

```
document.getElementById('元素标识名')
```

【示例 7-1】中的 document.getElementById("buttonTest")就是按 id 获取元素对象的。

2．document.getElementsByTagName

这种方式是通过元素标记名得到一组元素对象数组（array），它的格式是：

```
document. getElementsByTagName ('元素标记名')
```

或

```
节点对象. getElementsByTagName ('元素标记名')
```

使用第二种格式将得到该“节点对象”下的所有指定元素标记名的对象数组。【示例 7-1】中的按钮元素对象也可以通过以下语句得到：

```
document.getElementsByTagName('input')[0]
```

此代码表示“一组元素标记名 input 中的第一个”。

第二个按钮可以使用 document.getElementsByTagName('input')[1]来获取。

3．document.getElementsByName

这种方式是通过元素名（name）得到一组元素对象数组（array），它的格式是：

```
document. getElementsByName ('‘元素标记名')
```

或

```
节点对象. getElementsByName ('元素标记名')
```

它一般用于节点具有 name 属性的元素，大部分的表单及其控件元素都具有 name 属性，【示例 7-1】中的按钮元素对象也可以通过以下语句得到：

```
document.getElementsByName("but1")[0]
```

4．节点关系

通过节点的一些关系属性 parentNode、firstChild、lastChild、previousSibling、nextSibling、childNode[0]等，也可以得到元素节点。

【示例 7-1】中的按钮元素对象也可以通过以下语句得到：

```
document.getElementsByTagName('form')[0].firstChild
```

5. 其他方法

JavaScript 还保留着以前版本中得到文档对象中元素对象的方法，例如 document.forms 得到一组表单对象数组或者通过 document.form1.but1 直接得到。

7.2 文档对象

通过前面文档对象结构的学习，大家已经知道，文档对象不仅本身具有属性和方法，它还包含了各种不同类型的元素对象，如图 7-1 所示，这些元素也具有不同的属性和方法。下面将介绍文档对象及其一些常用元素对象的属性和方法。

7.2.1 文档对象的属性和方法

文档对象（document）本身具有如表 7-3 所示的常用属性及如表 7-4 所示的常用方法。另外，除了大多数的网页事件都可用于文档对象外，文档对象还有 onload 和 onunload 事件。

表 7-3 文档对象常用属性

属　性	意　义
title	网页标题
cookie	用于记录用户操作状态，由“变量名=值”组成的字串
domain	网页域名
lastModified	上一次修改日期

表 7-4 文档对象常用方法

方　法	意　义
write	向网页中输出 HTML 内容
writeln	与 write 作用一样
open	打开用于 write 的输出流
close	关闭用于 write 的输出流

【示例 7-2】 在网页的标题中显示时间，在网页中显示更新日期。当用户进入网页时弹出提示窗口“How are you!”，如图 7-5 所示。当用户单击网页中的链接更换网页内容时显示“Good Bye!”，网页中显示更新日期，如图 7-6 所示。

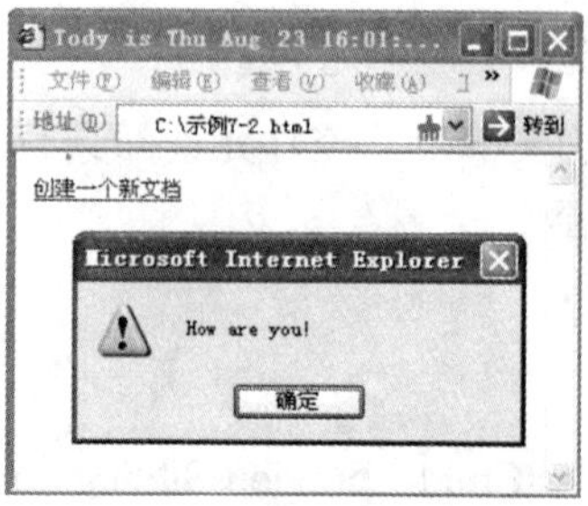

图 7-5 网页打开时的效果

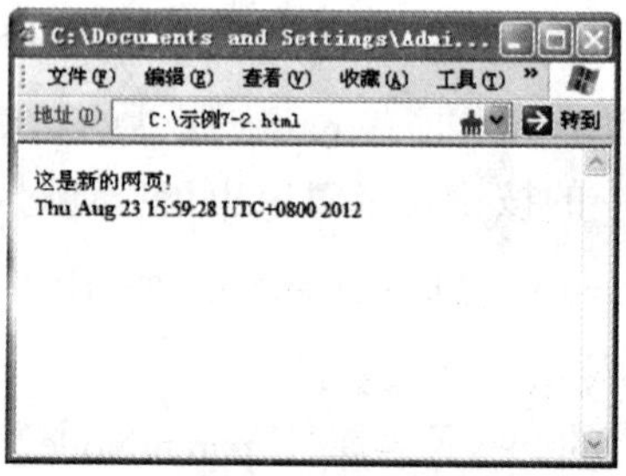

图 7-6 单击超链接后显示更新日期

代码如下：

```
<html>
	<head>
		<meta http-equiv="Content-Type" content="text/html; charset=gb2312">
		<title>文档的对象与属性</title>
		<script language="javascript">
		//设置文档的标题
		function setTitle(){
			document.title="Tody is " + new Date();
			}
		//文档载入时，欢迎！
		function welcome(){
			alert("How are you!");
			}
		//文档卸载时，再见！
		function bye(){
			alert("Good Bye!");
			}
		//显示网页最后更新日期
		function updateList(){
			document.write("网页更新日期：");
			document.write(document.lastModified);
			}
		//显示新的网页内容
		function newDocument(){
			document.open("text/html","replace");
			document.write("这是新的网页!<br>");
			document.write(new Date());
			document.close();
			}
		</script>
	</head>
	<body onload="setTitle(); welcome()" onunload="bye()">
		<a href="javascript:newDocument()">创建一个新文档</a>
		<script type="text/javascript">
		updateList();
	</body>
</html>
```

说明：

本程序中定义了 5 个函数，当装载网页时，通过<body>的 onload 事件调用了 setTitle()和 welcome()函数，因此，网页的标题由“文档的对象与属性”变为了当前的日期，并且弹出了“How are you!”信息。

当用户单击超链接“创建一个新文档”时，由于这时将执行函数 newDocument()，从而开始新的网页内容，也就是当前网页将卸载，所有<body>中的 onunload 事件就会起作用，它调用了 bye() 函数，弹出提示信息“Good Bye!”，同时，newDocument()向新网页输出了如图 7-6 所示的内容。

7.2.2 文档对象的 cookie 属性

cookie 是文档对象的一个属性，它用于记录用户在浏览器中执行时的一些状态。用户在使用相同的浏览器显示相同的网页内容时，JavaScript 可以通过比较 cookie 属性值，从而显示不同的网页内容。例如，通过 cookie 可以显示用户在某网页的访问次数；可以自动显示登录网页中的用户名；对于不同语言版本的网页，可以自动进入到用户设置过的语言版本中等。

值得注意的是，用户可以在浏览器中删除已有的 cookie 或设置不使用的 cookie，因此，在使用 cookie 的过程中，应该考虑到这种情况。

1．设置 cookie

浏览器保存 cookie 时是用一系列的“变量名=值”组成的字串表示，并以分号“；”相间隔。设置 cookie 的字串格式如下：

cookie 名=cookie 值；expires=有效日期字串；[domain=域名；path=路径；secure；]

其中，expires 值设置的是该 cookie 的有效日期，如果网页显示时的日期超过了该日期，该 cookie 将会无效。domain 和 path 项是可选项，如果不设置 domain 和 path，则表示默认为网页所在的域名和路径。例如，某网页的地址是 http://www.usitd.com/sat，那么，域名就是www.usitd.com，路径就是/sat。如果使用 secure，则表示客户端与服务器端传送 cookie 时将通过安全通道。

用 JavaScript 设置 cookie，实际上就是用 JavaScript 的方法组成上述 cookie 的字串。

2．取出 cookie

取出 cookie 时的字串格式为：

cookie1 名=cookie1 值；cookie2 名=cookie2 值；…

同样，可以用 JavaScript 的方法分解上述字串，以得到指定的 cookie 名所对应的值。

3．删除 cookie

删除 cookie 实际上就是设置指定的 cookie 名的值为空串，有效日期是当前日期以前的日期。

【示例 7-3】 文档对象的 cookie 属性。

代码如下：

```
<script language="javascript">
    document.write("document.title=", document.title, "<br>");
    document.write("document.charset=", document.charset, "<br>");
    document.cookie = "name=李四";        //写 cookie
    document.cookie = "age=20";           //写 cookie
    document.write("document.cookie=", document.cookie, "<br>"); //读取全部 cookie
    var strcookie=document.cookie;
    var arrcookie = strcookie.split("; ");       //拆分全部 cookie 串为单个 cookie 串数组
```

```
    //遍历 cookie 数组，处理每个 cookie 对
    for(var i=0;i<arrcookie.length;i++){
        var arr = arrcookie[i].split("=");      //拆分单个 cookie 串为[键,值]数组
        document.write("键：",arr[0],"，值：",arr[1], "<br>");   //读取单个 cookie
    }
</script>
```

运行代码，浏览页面，结果如图 7-7 所示。

说明：

本例中使用了字符串类的 split 方法，它是将一个大的字符串用分隔符分割为多个小的字符串，方法返回一个字符串数组。

全部 cookie 串是用“分号+空格”隔开的，不要忽略分号后面的空格。

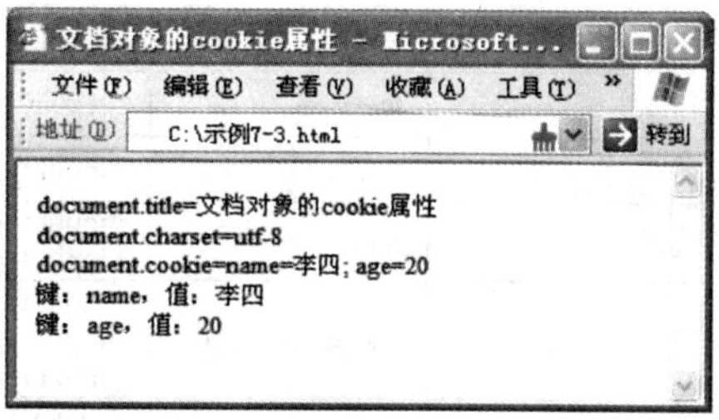

图 7-7　document 对象 cookie 属性示例

7.2.3　表单及其控件元素对象

表单（form）对象是文档对象的一个主要元素。表单对象包含有许多用于收集用户输入内容的元素对象，例如，文本框（text）、按钮（button）、单选钮（radio）、复选框（checkbox）、重置按钮（reset）、列表（select）等，通过这些元素对象，表单将用户输入的数据传递到服务器端进行处理。

表 7-5、表 7-6 和表 7-7 分别列出了表单对象的常用属性、方法和事件。示例中 myForm 是一个表单对象，它可以用第 7.1.3 节中介绍的任意一种方法得到。

表 7-5　表单对象常用属性

属　性	意　义	示　例
action	表单提交后的 URL	myForm.action="Login.jsp" myForm.action="http://www.baidu.com"
elements	表单中包含的元素对象（例如文本、按钮等）数组	
length	表单中元素的个数	myForm.length(与 myForm.elements.length 一样)
method	提交表单的方式，post 或 get	myForm.method="post"
name	表单的名字，可以直接用于引用表单	var formName=myForm.name
target	提交表单后显示下一网页的位置	myForm.target="_top"

表 7-6　表单对象常用方法

属　性	意　义	示　例
reset()	将表单中各元素恢复到默认值，与单击重置按钮（reset）的效果是一样的	myForm.reset()
submit()	提交表单，与单击提交按钮（submit）效果是一样的	myForm.submit()

表 7-7　表单对象常用事件

属　性	意　义
onreset(JavaScript 语句或函数)	当进行重置表单操作时执行指定的 JavaScript 语句或函数
onsubmit(JavaScript 语句或函数)	当进行提交表单操作时执行指定的 JavaScript 语句或函数

1. 表单中的控件元素对象

表单中的控件元素对象一般都可以与 HTML 的元素一一对应，表单元素的定义在第二章中也做了简单介绍，表 7-8 列出了表单常用的控件元素对象名称及相应的 HTML 元素示例。

表 7-8　表单中的控件元素对象及相应的 HTML 标记

控件元素对象名称	type 属性值	HTML 元素示例
单行文本框	text	<input type="text" name="txt1" id=" t1" value="john" onblur="checkString()">
多行文本框	textarea	<textarea name="txtNotes" id="txt1"></textarea>
按钮	button	<input type="button" name="btn1" id="btn1" value="查询" onclick="doValidate()">
单选钮	radio	<input type="radio" name="rdoAgree" id="rdoAgreeYes" checked value="yes"> <input type="radio" name="rdoAgree" id="rdoAgreeNo" value="no" >
复选框	checkbox	<input type="checkbox" name="chkA" id="chakA1" value="1" checked> <input type="checkbox" name="chkA" id="chakA1" value="2" > <input type="checkbox" name="chkA" id="chakA1" value="3" >
列表： （单选列表） （多选列表）	select-one select-multiple	<select name="listProvince" id=" listProvince"> <option value="北京">北京</option> <option value="上海">上海</option> </select> <select size=8 multiple name="listProvince" id=" listProvince"> <option value="北京">北京</option> <option value="上海">上海</option> </select>
密码框	password	<input type="password" name="txtPassword" id="txtPassword">
重置按钮	reset	<input type="reset" name="btnReset" id="btnReset">
提交按钮	submit	<input type="submit" name="btnSubmit" id="btnSubmit" >
隐含变量	hidden	<input type="hidden" name="actionParam" id="actionParam" value="delete">

表 7-9、表 7-10 和表 7-11 分别列出了表单控件元素对象的常用属性、方法及事件。不同类型的表单控件元素就会有不同的属性、方法和事件，例如，种类为 radio、checkbox 的表单控件元素，它们都会有“是否选上”（checked）的属性，而种类为 text、password、textarea 等表单控件元素都是用于用户输入文字的，因此，它们就不会有“是否选上”（checked）的属性，学习中应特别注意这些共同点和不同点。

同样，表单控件元素对象可以用“7.2.1 文档对象的属性和方法”中介绍的任意一种方法得到。

表 7-9　表单控件元素对象的常用属性

属　性	意　义
form	返回当前元素所属的表单的名称
name	元素对象的名字，用于识别元素及提交至服务器端时作为变量名
type	元素对象的种类，有的是在 HTML 的标记中直接设置
value	元素对象的值
defaultValue	元素对象初始值（text，password，textarea）
defaultChecked	元素对象初始是否选上（checkbox，radio）
checked	元素对象是否选上（checkbox，radio）
readonly	该元素不可以被编辑，但变量仍传递到服务器端
disabled	该元素不可以被编辑，且变量将不传递到服务器端

表 7-10　表单控件元素对象的常用方法

方　　法	意　　义
blur()	让光标离开当前元素
focus()	让光标落到当前元素上
select()	用于种类为 text，textarea，password 的元素，选择用户输入的内容
click()	模仿鼠标单击当前元素

表 7-11　表单控件元素对象的常用事件

事　　件	意　　义
onblur	当光标离开当前元素时
onchange	当前元素的内容变化时
onclick	鼠标单击当前元素时
ondblclick	鼠标双击当前元素时

2．列表及列表选项控件元素对象

列表对象 select 不同于其他控件元素对象，它包含有下一级的对象叫做“列表选项”对象 option。因此，对于列表控件元素对象，除了具有表 7-8 列出的属性外，还要有表 7-12 列出的一些特别的属性，如图 7-8 所示显示了列表元素的不同属性设置所得到的不同类型的列表：下拉列表、单选列表和多选列表等。对于列表选项数组中的每一个选项对象 option，它们还具有表 7-13 列出列表选项属性。上述表中“示例”列中的 myList 为图 7-8 中的列表控件元素对象，即：

```
myList=document.getElementbyId(" province");
```

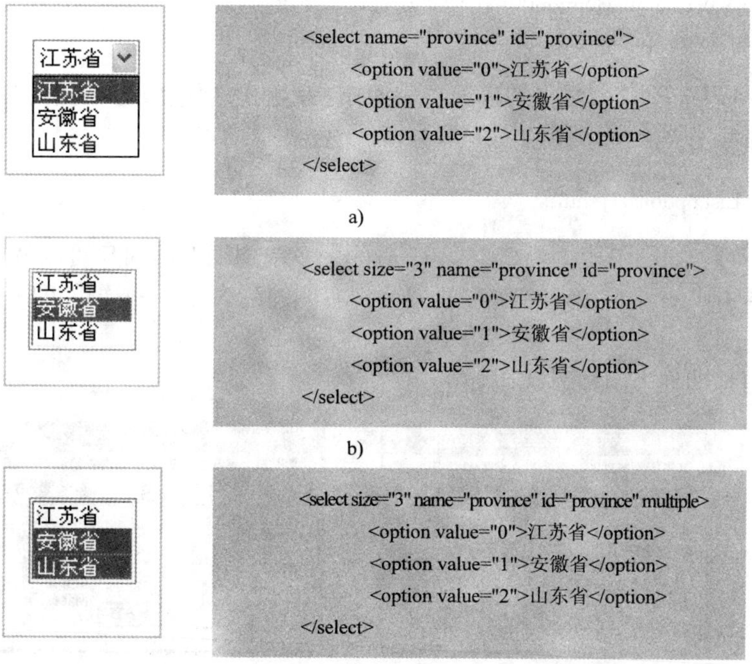

c)

图 7-8　列表元素对象

a) 下拉列表　b) 单选列表　c) 多选列表

表 7-12　列表属性

属　性	意　义	示　例
options	列表选项数组	myList.options[1]表示列表中的第二个选项
length	列表选项长度，与options.length 相同	myList.length 结果为 3
selectedIndex	对于单选列表，它是当前选择项在选项数组中的元素序号；对于多选列表，它是第一个选择项在选项数组中的元素序号	对于如图 7-8b 所示的单选列表，myList.selectedIndex 结果为 1

表 7-13　列表选项属性

属　性	意　义	示　例
selected	选项是否选上	对于如图 7-8c 所示的多选列表 myList.options[1].selected 和 myList.options[2].selected 结果都是 true
defaultSelected	选项初始时是否选上	
text	选项的文字内容	myList.options[1].text 结果为“安徽省”
value	选项的值	myList.options[1].value 结果为“1”

在 JavaScript 中对列表进行添加、删除选项的操作如下。

1）添加列表选项：首先新建一个选项对象，然后将该对象赋值给列表选项数组。新建选项对象语法规则如下所示，其中方括号中的参数项可以省略。

new Option([选项的文字内容,[选项值[,初始是否选上[,是否选上]]]]);

例如，下述两行程序将为如图 7-8 所示中的列表又添加一个选项。

```
var newOption=newOption("重庆","3");
myList.options[3]=newOption;
```

2）删除列表选项：只要将列表选项数组中指定的选项赋值为 null 就可以了。例如，下列程序将删除如图 7-8 所示中的列表第二项。

```
myList.options[1]=null;
```

【示例 7-4】 如图 7-9 所示的表单中有两个多选列表框，用户可以从左侧列表中选择任意项，然后单击“右移”按钮将所选项移动到右侧的列表中，同样也可以单击“左移”按钮将所选项移动到左侧的列表中。

首先编写移动列表函数，代码如下：

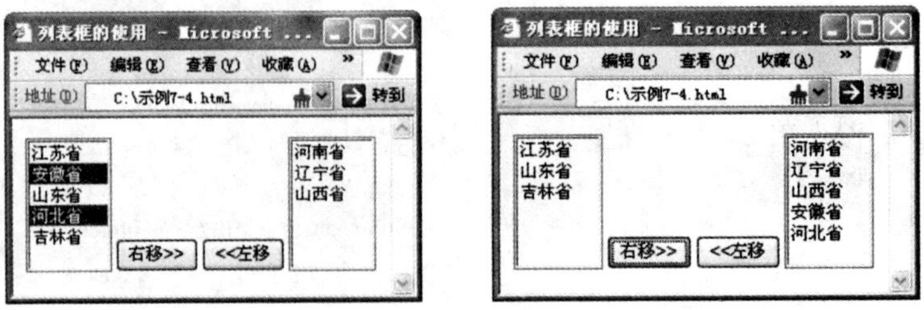

a)　　　　a)

图 7-9　列表元素对象

a) 移动前　b) 移动后

```
<script language="javascript">
    //moveList 函数用来调整两个列表之间的选项移动操作
    //fromid 为需要移动的列表名称，toid 为移动到的列表名称
    function moveList(fromid,toid){
        var fromList=document.getElementById(fromid);
        var fromLen=fromList.options.length;
        var toList=document.getElementById(toid);
        var toLen=toList.options.length;
        //current 为需要移动列表中的当前选项序号
        var current=fromList.selectedIndex;
        //如果需要移动列表中有选择项，则进行移动操作
        while(current>-1){
            //t 和 v 分别为需要移动列表中当前选择项的文本与值
            var t=fromList.options[current].text;
            var v=fromList.options[current].value;
            //根据已选择项新建一个列表项
            var optionName=new Option(t,v,false,false);
            //将该选项移动到目标列表中
            toList.options[toLen]=optionName;
            toLen++;
            //将该选项从需要移动的列表中删除
            fromList.options[current]=null;
            current=fromList.selectedIndex;
        }
    }
</script>
```

表单与表单元素以及相应事件的代码如下：

```
<form name="form1">
    <select name="lList" id="lList" multiple size="6" >
        <option value="0">江苏省</option>
        <option value="1">安徽省</option>
        <option value="2">山东省</option>
        <option value="3">河北省</option>
        <option value="4">吉林省</option>
    </select>
    <!--通过 onclick 事件调用 JavaScript 的 moveList()函数-->
    <input type="button" name="toright" id="toright" value="右移>>" onclick="moveList('lList', 'rList')" />
    <input type="button" name="toleft" id="toleft" value="<<左移" onclick="moveList('rList','lList')" />
    <select size="6" name="rList" id="rList" multiple>
        <option value="0">河南省</option>
        <option value="1">辽宁省</option>
        <option value="2">山西省</option>
</form>
```

针对本示例，还可以将 moveList()函数进行简化，代码如下，请自行测试。

```
function moveList(select1,select2){
        var select1 = document.getElementById(select1);
        var select2 = document.getElementById(select2);
        var current=select1.selectedIndex;
        while(select1.selectedIndex>-1){
                var newOption = document.createElement("option");
                newOption.value = select1[select1.selectedIndex].value;
                newOption.text = select1[select1.selectedIndex].text;
                select2.add(newOption);
                select1.remove(select1.selectedIndex);
        }
}
```

7.3 实例：飘动的广告

7.3.1 学习目标

1）掌握获取元素的方法。

2）掌握动态控制对象样式的方法。

7.3.2 实例介绍

每逢传统节假日，在很多网站的主页上都会飘动一些节日的祝福语，或是一些企业网站的主页上会飘动一些新的产品信息、代理信息、联系信息等。

本实例的网页飘动广告效果主要展示企业“诚招全国代理”的飘动广告条，使用 DIV 标记结合 JavaScript 代码实现，动画效果如图 7-10 所示。

图 7-10　网页飘动广告效果

7.3.3 实施过程

漂浮的广告效果可以分为两步实现。首先定义一个<div>标记，放置飘动的图片，实现静态的图片显示效果；然后，编写 JavaScript 脚本控制使其飘动。

第一步：设置<div>标记，放置飘动图片。

```
<div id="ad" style="position:absolute;z-index:10;">
<a href="http://www.hazq-js.com"><img src="images/zpxx.jpg" width="280" border="0"></a>
</div>
```

第二步：设置飘动函数，并使用 setInterval()函数定期调用飘动函数。

```
<script>
//设置初始变量，step 为移动步长，delay 为延迟时间
var x = 50,y = 60;
var xin = true, yin = true;
var step = 1;
var delay = 20;
//获取移动元素
var obj=document.getElementById("ad");
//漂浮广告函数
function floatAD() {
        var L=T=0
        var R= document.body.clientWidth-obj.offsetWidth
        var B = document.body.clientHeight-obj.offsetHeight
        obj.style.left = x + document.body.scrollLeft
        obj.style.top = y + document.body.scrollTop
        x = x + step*(xin?1:-1)
        if (x < L) { xin = true; x = L}
        if (x > R){ xin = false; x = R}
        y = y + step*(yin?1:-1)
        if (y < T) { yin = true; y = T }
        if (y > B) { yin = false; y = B }
}
//按照指定的周期（以毫秒计）来调用函数
setInterval("floatAD()", delay);
</script>
```

7.3.4 实例拓展

广告漂浮后，发现两个问题：

1）广告无法停止。

2）广告不能隐藏或者关闭。

针对这两个问题，首先在调用函数时可以给对象设置 onmouseover 和 onmouseout 事件，分别控制，代码修改如下：

```
var itl= setInterval("floatAD()", delay)
obj.onmouseover=function(){clearInterval(itl)}
obj.onmouseout=function(){itl=setInterval("floatAD()", delay)}
```

为了能够使广告隐藏，可以在图片之后再添加一个<div>标记，然后设置<div>的样式与

事件。

```
<div onClick="hidead();" style="font-size: 9pt; cursor: hand" align=right>关闭×</div>
```

最后编写 hidead()函数。

```
function hidead(){
document.getElementById("ad").style.display="none";
}
```

7.4 习题

1）某页面中有两个 id 分别为 mobile 和 telephone 的图片，下面（　　）能够正确地隐藏 id 为 mobile 的图片。

A．document.getElementsByName("mobile").style.display="none";

B．document.getElementById("mobile").style.display="none";

C．document.getElementsByTagName("mobile").style.display="none";

D．document.getElementsByTagName(".img").style.display="none";

2）在下拉列表 cityList=document.getElementById('cityList3')中，如果删除表单控件元素中列表元素的第二项的语句是（　　）。

A．cityList.option[1]= "";　　B．cityList.option[1].value="";

C．cityList.option[1]=null;　　D．cityList.option[1].text="";

3）关于下面的 JavaScript 代码，说法正确的是（　　）。

```
var s=document.getElementsByTagName("p");
 for(var i=0;i<s.length;i++){
      s[i].style.display="none";
 }
```

A．隐藏了页面中所有 id 为 p 的对象

B．隐藏了页面中所有 name 为 p 的对象

C．隐藏了页面中所有标记为<p>的对象

D．隐藏了页面中所有标记为<p>的第一个对象

4）下面（　　）不是 document 对象的方法。

A．getElementsByTagName()　　B．getElementById()

C．write()　　D．reload()

5）某页面中有一个 id 为 pdate 的文本框，下列( )能把文本框中的值改为“2012-10-10”(选择两项)。

A．document.getElementById("pdate").setAttribute("value","2012-10-10");

B．document.getElementById("pdate").value="2012-10-10";

C．document.getElementById("pdate").getAttribute("2012-10-10");

D．document.getElementById("pdate").text="2012-10-10";

6）某页面中有如下代码，下列选项中( )能把“令狐冲”修改为“任盈盈”(选择两项)。

```
<table border="0" cellspacing="0" cellpadding="0" id="Table1">
        <tr id="row1">
        <td>张三丰</td>
        <td>90</td>
        </tr>
        <tr id="row2">
        <td>令狐冲</td>
        <td>88</td>
        </tr>
</table>
```

A．document.getElementById("Table1").rows[2].cells[1].innerHTML="任盈盈";

B．document.getElementById("Table1").rows[1].cells[0].innerHTML="任盈盈";

C．document.getElementById("row2").rows[0].innerHTML="任盈盈";

D．document.getElementById("row2").rows[1].innerHTML-"任盈盈";

第 8 章　常用窗口对象

8.1　屏幕对象

屏幕（screen）对象是 JavaScript 运行时自动产生的对象，它实际上是独立于窗口对象的。屏幕对象主要包含了计算机屏幕的尺寸及颜色信息，如表 8-1 所示。

表 8-1　屏幕对象常用属性

属　　性	意　　义
height	显示屏幕的高度
width	显示屏幕的宽度
availHeight	可用高度
availWidth	可用宽度
colorDepth	每个像素中用于颜色的位数，其值为 1,4,8,16,24,32

这些信息只能读取，不可以设置，使用时只要直接引用 screen 对象就可以了，调用格式如下：

```
screen.属性
```

表 8-1 中 availHeight（可用高度）指的是屏幕高度减去系统环境所需要的高度。例如，对 Windows 系统，“可用高度”一般指的就是屏幕高度减去 Windows 任务栏的高度，如图 8-1 所示。

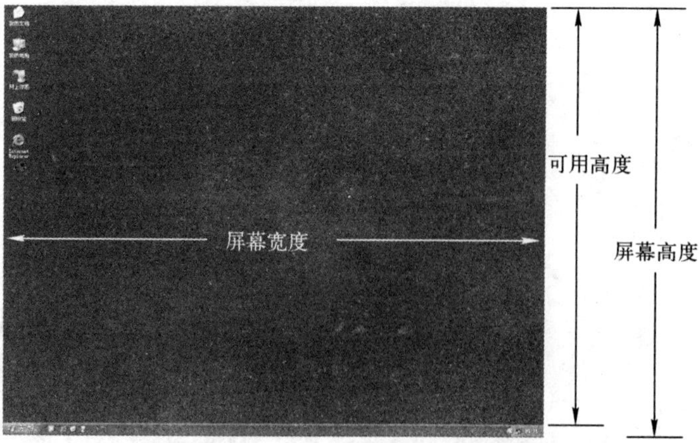

图 8-1　屏幕宽度、高度与可用高度

通过使用屏幕的可用高度和可用宽度，可以设置窗口对象的尺寸。例如，可以用

JavaScript 程序将网页窗口充满全屏幕。

【示例 8-1】 根据分辨率判断，打开不同的网页。

```
<script language="javascript">
if ((screen.width == 800) && (screen.height == 600)){
    location.href='http://www.qq.com';
}
else if ((screen.width == 1024) && (screen.height == 768)){
    location.href='http://www.m1905.com';
}
else if ((screen.width == 1280) && (screen.height == 1024)){
    location.href='http://www.163.com';
}
else { location.href='http://www.baidu.com';
}
</script>
```

8.2 浏览器信息对象

浏览器信息（navigator）对象主要包含了浏览器及用户使用的计算机操作系统的有关信息，如表 8-2 所示。这些信息也只能读取不可以设置，使用时只要直接引用 navigator 对象就可以了，调用格式如下：

```
navigator.属性
```

表 8-2 浏览器信息对象常用属性

属　性	意　义
appVersion	浏览器版本号
appCodeName	浏览器内码名称
appName	浏览器名称
platform	用户操作系统
userAgent	该字串包含了浏览器的内码名称及版本号，它被包含在向服务器端请求的头字符串中，用于识别用户
language(除 IE 外) userLanguage(IE) systemLanguage(IE) browserLanguage(IE)	浏览器设置的语言 操作系统设置的语言 操作系统默认设置的语言 浏览器设置的语言

【示例 8-2】 navigator 对象使用。

代码如下：

```
<script language="javascript">
    document.write(
    "你使用的浏览器代码是：" + navigator.appCodeName + "<br>" +
    "你使用的浏览器名称是：" + navigator.appName + "<br>" +
    "你使用的浏览器版本是：" + navigator.appVersion + "<br>" +
    "你使用的浏览器支持 cookie：" + navigator.cookieEnabled + "<br>"+
```

```
        "你操作系统的默认语言是(IE)：" + navigator.systemLanguage + "<br>" +
        "你操作系统的默认语言是(FF)：" + navigator.language + "<br>");
</script>
```

在 IE 和 FF 两个浏览器中有不同的运行结果，IE 浏览器的运行效果如图 8-2 所示。

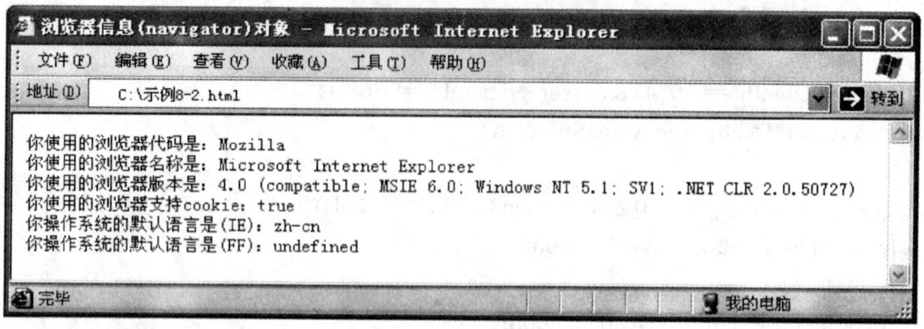

图 8-2　navigator 对象使用（IE 浏览器）

说明：不同的浏览器甚至同一浏览器的不同版本，在 CSS 和文档对象方面会有差异，使用 navigator.appName 浏览器名称和 navigator.appVersion 浏览器版本可以采用分支程序结构做出不同的处理。

8.3　窗口对象

8.3.1　窗口对象的常用属性和方法

窗口（window）对象的常用属性和方法如表 8-3 和表 8-4 所示。由于不同的浏览器定义的窗口属性和方法差别较大，因此，这里仅列出各种浏览器最常用的窗口对象的属性和方法，对于不同浏览器所特有的属性和方法，应具体参考各浏览器所提供的参考手册。

表 8-3　窗口对象常用属性

属　性	意　义
document	文档对象
frames	框架对象
screen	屏幕对象
navigator	浏览器信息对象
length	框架数组的长度
history	历史对象
location	网址对象
name	窗口名字
opener	打开当前窗口的父对话框
parent	包含当前窗口的父对话框对象
self	当前窗口或框架
status	状态栏中的信息
defaultStatus	状态栏中的默认信息

表 8-4　窗口对象常用方法

属　性	意　义
alert(信息字串)	打开一个包含信息字串的提示框
confirm(信息字串)	打开一个包含信息、确定和取消按钮的对话框
prompt(信息字串，默认的用户输入信息)	打开一个用户可以输入信息的对话框
focus()	聚焦到窗口
blur()	离开窗口
open(网页地址,窗口名[,特性值])	打开窗口
close()	关闭窗口
setInterval(函数,毫秒)	每隔指定毫秒时间执行调用函数
setTimeout(函数,毫秒)	指定毫秒时间后调用函数
clearInterval(id)	取消 setInterval 设置
clearTimeout(id)	取消 setTimeout 设置
scrollBy(水平像素值,垂直像素值)	窗口相对滚动设置的尺寸
scrollTo(水平像素值,垂直像素值)	窗口滚动到设置的位置
resizeBy(水平像素值,垂直像素值)	按设置的值相对地改变窗口尺寸
resizeTo(宽度像素值,高度像素值)	改变窗口尺寸至设置的值
moveBy(水平像素值,垂直像素值)	按设置的值相对地移动窗口
moveTo(水平像素值,垂直像素值)	将窗口移动到设置的位置

窗口对象的属性和方法大致可分为 3 类。

1）子对象类。例如，文档对象、历史对象、网址对象、屏幕对象、浏览器信息对象等。

2）窗口内容、位置及尺寸类。例如，新建窗口、多个窗口的控制、在窗口的状态栏中显示信息、滚动窗口的内容等。

3）输入/输出信息与动画。setTimeout()在第 6 章中时钟的显示示例中已经使用。

8.3.2　多窗口控制

1．打开与关闭窗口

通过窗口对象方法 window.open()可以在当前网页中弹出新的窗口，语法规则如下：

```
窗口对象=window.open([网页地址，窗口名，窗口特性]);
```

使用窗口对象的 close()方法可以进行关闭窗口的操作。值得注意的是，对于使用窗口对象 open()的方法打开的窗口，可以无条件地通过 close()方法进行关闭；对于不是使用窗口对象 open()的方法打开的窗口，有些浏览器不允许使用 close()方法进行关闭，有的则会出现确认窗口后才会关闭。

其中，窗口名可以是有效的字串或 HTML 保留的窗口名，如“_self”、“_top”、“_parent”及“_blank”等。窗口特性的格式为“特性名 1=特性值 1；特性名 2=特性值 2；……”的字串，特性名及特性值选项如表 8-5 所示。

表 8-5　窗口特性及其值

特　性　名	意　　义	特　性　值
height	窗口高度	单位为像素
width	窗口宽度	单位为像素
top	窗口左上角至屏幕左上角的高度距离	单位为像素
left	窗口左上角至屏幕左上角的宽度距离	单位为像素
location	是否有地址栏	有：1；没有：0；默认为 1
menubar	是否有菜单栏	有：1；没有：0；默认为 1
scrollbar	是否有滚动条	有：1；没有：0；默认为 1
toolbar	是否有工具条	有：1；没有：0；默认为 1
status	是否有状态栏	有：1；没有：0；默认为 1
resizable	是否能改变窗口尺寸	可以：1；不可以：0；默认为 1

图 8-3 为各特性在浏览器中的分布。

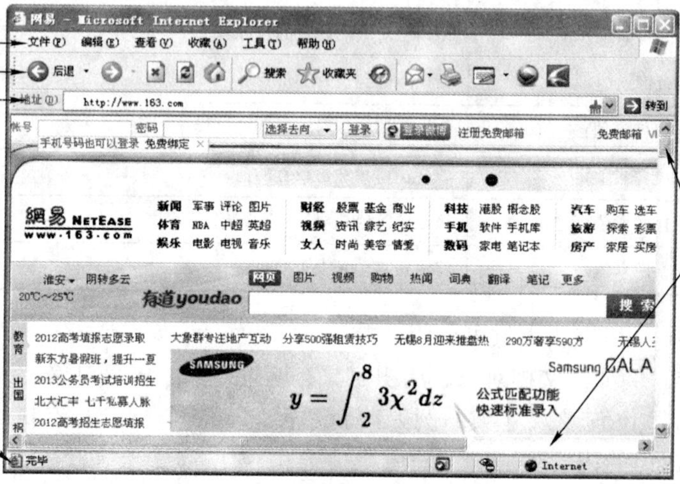

图 8-3　浏览器窗口各部分的名称

如果要设置新窗口的尺寸，即新窗口的宽度和高度，则可以通过 window.open()语句中的特性 width（宽度）、height（高度）设置；如果要设置已有的窗口的尺寸，则可以通过窗口对象的 resizeTo()和 resizeBy()方法重新设置窗口的尺寸。

如果要设置新窗口的位置，则可以通过 window.open()语句中的特性 top（窗口左上角与屏幕左上角的高度距离）、left（窗口左上角与屏幕左上角的宽度距离）设置；如果要设置已有窗口的位置，则可以通过窗口对象的 moveTo()语句重新设置窗口的位置。

【示例 8-3】 新建窗口 open 和 close 方法与位置控制。代码如下。

打开与关闭窗口函数的定义：

```
function openwindow() {
    window.open("pop.html","诚招全国代理", "toolbars=0, scrollbars=0, location=0, statusbars=0, menubars=0, resizable=0, width=400, height=232,top=250,left=400");
}
```

```
function closewindow(){
    window.close();
}
```

表单元素的定义：

```
<form>
        <input type=button value="打开窗口" onClick="openwindow()">
        <input type=button value ="关闭窗口" onClick="closewindow()">
</form>
```

运行页面，单击“打开窗口”按钮如图 8-4 所示，单击“关闭窗口”按钮如图 8-5 所示。

图 8-4　open 方法打开窗口

图 8-5　close 方法关闭窗口

2．滚动网页

使用窗口对象的方法 scrollTo()和 scrollBy()可以“移动”网页的内容到指定的坐标位置。如果与动画方法 setTimeout()一起使用，则可以得到真正的“滚动”网页的效果。

【示例 8-4】 网页自动滚动效果，代码如下。

```
<script language=Javascript>
        function myWinScroll(){
            window.scrollBy(0,20);
            setTimeout('myWinScroll()',1000);
            }
        myWinScroll();
</script>
```

3．状态栏内容

使用窗口对象的 status（状态）属性可以在浏览器窗口的状态栏中显示各种字串，其语法规则如下：

```
window.status
```

但是，新版本的浏览器为了用户的安全性，默认状态下不允许网页修改状态栏的内容，除非用户修改了浏览器的选项，允许网页中的 JavaScript 修改状态栏的内容。

8.3.3 输入/输出信息

JavaScript 向用户输入/输出信息的方法主要有以下 3 种。

（1）窗口对象的 alert 语句

alert 语句将信息放在对话框中，主要用于输出各种信息。例如，校验用户输入值失败时的提示信息，调试 JavaScript 程序时的中间调试信息等。其语法规则如下：

```
window.alert("提示信息字串");
或
alert("提示信息字串");
```

前面章节多次使用，在此不再赘述。

（2）窗口对象的 confirm 语句

confirm 语句除了输出信息外，还要求用户选择“确定”或“取消”按钮，单击“确定”按钮将返回 true，单击“取消”按钮或关闭窗口，将返回 false。JavaScript 程序就可以根据用户的回答决定程序的执行内容。其语法规则如下：

```
window.confirm("提示信息字串");
或
confirm ("提示信息字串");
```

（3）窗口对象的 prompt 语句。

prompt 语句用于要求输入信息内容。其语法规则如下：

```
window. prompt ("提示信息字串",默认输入值);
```

或

```
prompt ("提示信息字串",默认输入值);
```

【示例 8-5】 输入/输出信息语句的使用，代码如下：

```
<script language="javascript">
var answer=confirm("要注册用户吗？");
if(answer){
        var s=prompt("请输入籍贯","江苏省南京市");
        window.close();
}
else
        alert("程序继续运行！");
</script>
```

运行代码，页面结果如图 8-6 所示，单击“确定”按钮，对话框如图 8-7 所示。

图 8-6 窗口对象的确认语句

图 8-7 窗口对象要求用户输入内容的对话框

8.4 网址对象

网址（location）对象是窗口对象中的子对象，它包含了窗口对象的网页地址内容，即URL。网址对象即可以作为窗口对象中的一个属性直接赋值或提取值，也可以通过网址对象的属性分别赋值或提取值。使用网址对象的语法规则如下：

当前窗口：

```
window.location              或 location
window.location.属性         或 location.属性
window.location.方法         或 location.方法
```

指定窗口：

```
窗口对象.location
窗口对象.location.属性
窗口对象.location.方法
```

8.4.1 网址对象的常用属性和方法

表 8-6 和表 8-7 分别为网址对象常用属性和方法。其中网址对象常用属性表中的示例的URL 假设为：

http://www.ccopyright.com.cn:80/regquery/RgForms.jsp?columnID=702#2

表 8-6 网址对象常用属性

属 性	意 义	示 例
href	整个 url 字串	http://www.ccopyright.com.cn:80/regquery/RgForms.jsp?columnID=702#2
protocol	url 中从开始至冒号(包括冒号)表示通信协议的字串	http:
hostname	url 中服务器名、域名子域名或 IP 地址	www.ccopyright.com.cn
port	url 中端口名	:80
host	url 中 hostname 和 port 部分	www.ccopyright.com.cn:80
pathname	url 中的文件名或路径名	/regquery/RgForms.jsp
hash	url 中由#开始的锚点名称	#2
search	url 中从问号开始至结束的表示变量的字串	?columnID=702#2

表 8-7 网址对象常用方法

属 性	意 义
reload([是否从服务器端刷新])	刷新当前网页，其中“是否从服务器端刷新”的值是 true 或 false
replace(url)	用 url 网址刷新当前的网页

从网址对象属性表中可以看出，href 属性包含了全部 URL 字串，而其他属性则是 URL 中的某一部分字串，因此，如果按下述程序设置网址：

```
location="http://www.qq.com";
```

等效于：

```
location.href="http://www.qq.com";
```

8.4.2 网址对象的应用实例

使用 3 种方法改变当前网页的网址。

方法一：window.open( )的方法。

方法二：设置 location.href 属性的方法。

方法三：location.replace( )的方法。

目的：使用网址对象和窗口对象的属性及方法。

【示例 8-6】 改变当前网页的网址。

代码如下：

```
<!--方法一：window.open( )的方法-->
<a href="javascript:window.open('http://www.baidu.com','_self')">
使用 window.open()的方法打开百度</a>
<!--方法二：设置 location.href 属性的方法-->
<a href="javascript:window.location.href='http://www.baidu.com'">
使用 location.href 的方法打开百度</a>
<!--方法三：location.replace( )的方法-->
<a href="javascript:window.location.replace('http://www.baidu.com')">
使用 location.replace( )的方法打开百度</a>
```

这 3 种不同的方法都改变了当前网页的地址，从而改变了网页的内容，这三种打开网页的效果是相同的，它们的区别是：window.open( )和 location.href 实现的改变会记录到浏览器历史列表中，而 location.replace( )方法不会写入浏览器的历史列表。

8.5 历史记录对象

历史记录（history）对象是窗口对象下的一个子对象。它实际上是一个对象数组，包含了一系列的用户访问过的 URL 地址，用于浏览器工具栏中的“Back to…”（后退）和“Forward to…”（前进）按钮，如图 8-8 所示的左边 2 个按钮。使用历史对象的语法规则如下。

图 8-8 浏览器工具栏中的后退按钮和前进按钮

当前窗口：

```
window. history.属性        或 history.属性
window. history.方法        或 history.方法
```

指定窗口：

```
窗口对象. history
窗口对象. history.方法
```

历史对象最常用的属性是 length（历史对象长度），它就是浏览器历史列表中访问过的地址个数。例如，单击图 8-8 中“后退”或者“前进”按钮后方的三角符号“▾”，即可看到浏览器中历史地址列表，如果在当前网页的“历史对象的个数”链接中要求显示历史对象的个数，使用 history.length 即可获得。

历史对象常用方法如表 8-8 所示，其中 back()和 forward()分别对应的是浏览器工具栏中的后退、前进按钮，通过方法 go()可以改变当前网页至曾经访问过的任何一个网页。因此，history.back()与 history.go(-1)等效，history.forward()与 history.go(1)等效。

值得注意的是，如果 go()中的参数 n 超过了历史列表中的网址个数，或者 go()中的参数“网址”不在浏览器的历史列表中，则不会出现任何错误，只是当前网页没有发生变化。

表 8-8　历史对象常用方法

方　法	意　义
back()	显示浏览器的历史列表中后退一个网址的网页
forward()	显示浏览器的历史列表中前进一个网址的网页
go(n)和 go(网址)	显示浏览器的历史列表中第 n 个网址的网页，n>0 表示前进，反之，n<0 表示后退或显示浏览器的历史列表中对应的“网址”网页

8.6　框架对象

8.6.1　框架对象的常用属性和方法

框架（frame）对象是由 HTML 中的<frame>标记产生的，它实际上就是窗口下独立的一个窗口，因此，它具有与窗口对象几乎相同的属性和方法。与真正的窗口对象不同的是，它总是与上一级的窗口对象在同一个浏览器的窗口中。

例如，要引用框架对象中的窗体元素时的语法规则如下：

```
窗口对象.框架对象.文档对象.窗体对象.窗体对象元素
```

那么，在多框架对象中，要从一个框架对象中引用另一个框架中的窗体元素时，就可以使用窗口对象中的关系属性 parent：

```
parent.另一框架对象.文档对象.窗体对象.窗体对象元素
```

同样，可以使用上述方法从一个框架对象中引用另一个框架中的函数或全局变量，即：

```
parent.另一框架对象.JavaScript 函数名
parent.另一框架对象.JavaScript 全局变量名
```

对于不同的浏览器，还会有不同的框架对象。例如，对于 IE 浏览器，还提供了 HTML 标记为<iframe>的嵌入式框架对象。它与<iframe>框架对象的区别在于，<frame>框架对象只能是上下分布或水平分布，而<iframe>则可以嵌入在网页的任何位置。

框架对象的常用属性与方法如表 8-3 及表 8-4 所示中的窗口对象的属性与方法，对于一些特殊的属性和方法，请参见各种浏览器提供的参考手册。

8.6.2　框架对象的应用实例

1．在一个框架对象中控制另一个框架对象

【示例 8-7】 在一个框架中输入网页地址，然后在另一个框架中打开，效果如图 8-9 所示。

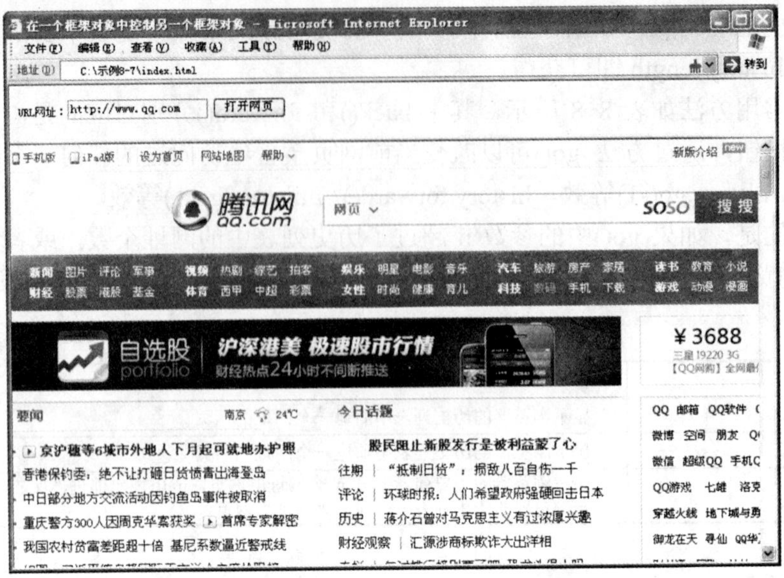

图 8-9　在一个框架对象中控制另一个框架对象

框架组 HTML 代码如下：

```
<html>
    <head>
    <title>在一个框架对象中控制另一个框架对象</title>
    <frameset rows="60,*">
        <frame src="1.html" name="toppage">
        <frame src="2.html" name="main">
    </frameset><noframes></noframes>
</html>
```

框架顶部页面 1.html 程序如下：

```
<html>
    <head>
    <script language="javascript">
      function openInFrame(){
         parent.main.location.href=window.document.form1.txtURL.value;
      }
    </script>
    </head>
    <body>
    <form name="form1" >
    URL 网址：<input type="text" name="txtURL" />
              <input type="button" value="打开网页" onclick="openInFrame();">
    </form>
    </body>
</html>
```

下部框架程序 2.html 程序如下：

```
<html>
    <head>
    </head>
    <body>
        How are you!
    </body>
</html>
```

程序说明：

框架组文档定义了两个框架页面，分别由 1.html 和 2.html 组成。其中 2.html 是一个空页面。1.html 中包含了一个文本框和按钮，按钮的 onclick 事件调用 openInFrame()函数，该函数通过使用 parent.main.location.href 将当前文本框中的用户输入值作为 2.html 的网址。

值得注意的是，toppage 和 main 是并列的两个框架页面，因此 parent 就是框架组文件表示的窗口，通过 parent.main 就会从当前的 toppage 框架转换到另一个框架 main。

【示例 8-7 拓展】如果添加一个按钮清空 main 框架中的内容，则将程序进行修改，首先添加一个 clearFrame( )函数，代码如下：

```
function clearFrame( ){
    parent.main.location.href="about:blank";
    }
```

然后添加一个“清空网页”按钮，代码如下：

```
<input type="button" value="清空网页" onclick="clearFrame();">
```

【示例 8-8】 向框架页面中写入内容。

在上部框架页面中添加一个“网页中写内容”按钮，单击后，在下部框架中输出新的网页内容，连续单击后如图 8-10 所示。

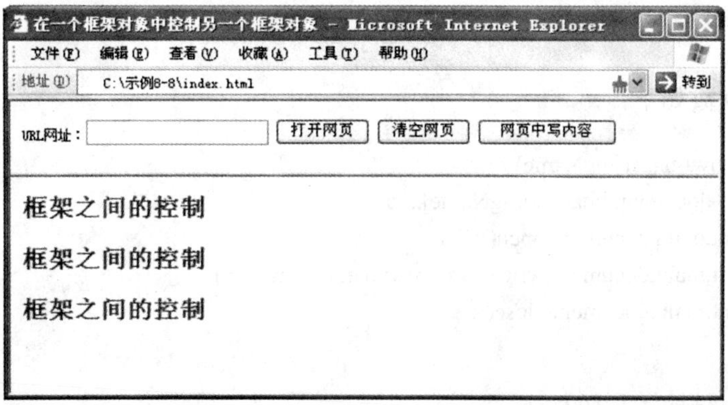

图 8-10 向框架页面中写入内容

函数编写如下：

```
function writeFrame( ){
        parent.main.document.open();
        parent.main.document.write("<h1><font color=red>框架之间的控制</font></h1>");
        parent.main.document.close();
}
```

然后添加一个“网页中写内容”按钮，代码如下：

```
<input type="button" value="网页中写内容" onclick="writeFrame();">
```

同样的方法，在 1.html 上部添加两幅图片，单击图片链接，在下部框架中显示大图效果，如图 8-11 所示。

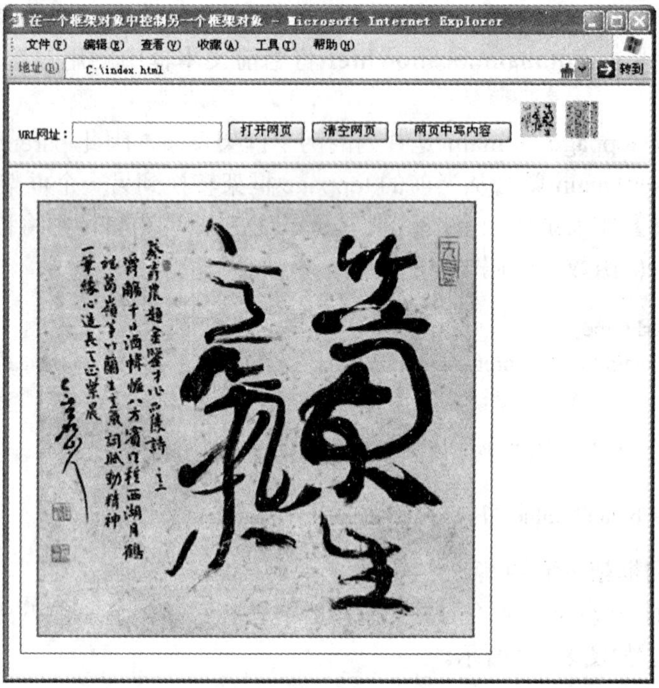

图 8-11 框架之间显示图片的效果

显示图片的函数如下：

```
function showImage(imgName){
        var s=document.images[imgName].src;
        parent.main.document.open();
        parent.main.document.write('<img src='+imgName+'>');
        parent.main.document.close();
}
```

然后插入图片链接，代码如下：

```
<a href="javascript:showImage('image1');">
        <img src="images/w1.jpg" name="image1" height="40" border="0">
```

```
</a>
<a href="javascript:showImage('image2');">
        <img src="images/w2.jpg" name="image2" height="40" border="0">
</a>
```

2. 控制框架的尺寸

【示例 8-9】 改变窗口框架的尺寸大小。文本框中输入 30%后单击“重置尺寸”按钮，即可修改框架的尺寸，界面如图 8-12 所示。

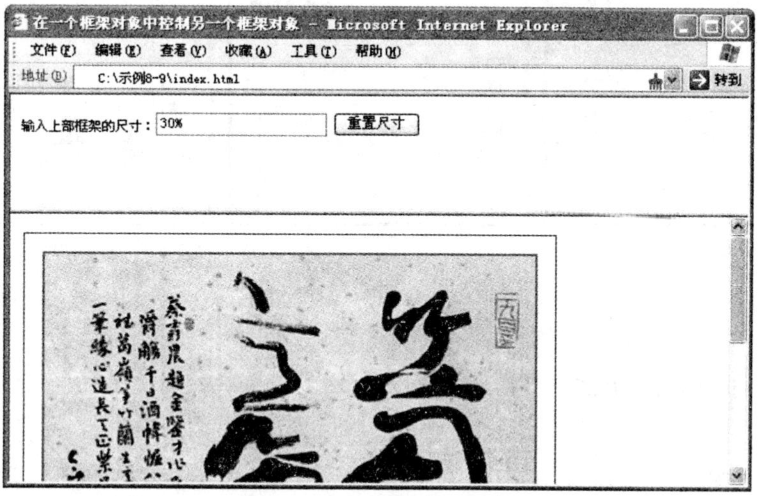

图 8-12 修改框架尺寸的效果

修改框架尺寸的函数如下：

```
function reSizeFrame(){
        var m=window.document.form1.resize1.value;
        m=m+",*";
        parent.document.body.rows=m;
}
```

表单设置代码如下：

```
<form name="form1">
        输入上部框架的尺寸：<input type="text" name="resize1" />
        <input type="button" value="重置尺寸" onClick="reSizeFrame();">
</form>
```

3. 使用隐藏框架

【示例 8-9】中如果输入 100%时，上部框架占满整个屏幕，下部框架实际上仍然存在，大家照常可以通过前面使用的各种方法得到下部框架的网页内容，这时下部框架被称为“隐含框架”。

“隐含框架”的作用很多，最常用的是在编程的时候与动态页面一起使用，为了不是当前的页面刷新而将当前网页的状态通过隐含框架发送到服务器端。

【示例 8-10】 如图 8-13 所示为要输入大量信息的窗体，其中下拉菜单中的选项将对应两个不同的选项列表，因此，每个用户选择了下拉列表项后都要到服务器端得到其对应的选项列表的内容。为了避免频繁地刷新屏幕，使用隐含框架将信息送至服务器端，然后通过 JavaScript 程序显示列表的内容。

目的：使用隐含框架模拟动态程序的运行过程。

a) b) c)

图 8-13 隐含窗体效果

a) 默认运行状态 b) 选择低收入的状态 c)选择高收入的状态

（1）上部网页 1.html 页面的代码编写如下：

```
<html>
    <head>
    <script language="javascript">
        function reSizeFrame(){
            parent.document.body.rows="100%,*";
            }
        function changeList(){
            parent.main.document.location.href="2.html?type="+document.form1.wages.value;
            }
    </script>
    </head>
    <body onLoad="reSizeFrame()">
        <form name="form1">
        姓名：<input type="text" name="username" /><br>
        地址：<input type="text" name="useraddress" /><br>
        邮编：<input type="text" name="usercode" /><br>
        <select name="wages" onChange="changeList()">
          <option value="0">请选择收入情况</option>
          <option value="little">低收入</option>
          <option value="more">高收入</option>
        </select><br>
        <div id="displaywages"></div>
        </form>
    </body>
</html>
```

说明：

1）定义了 reSizeFrame()函数，然后在〈body〉标记处调用 onload 事件调用了 reSizeFrame( )，从而实现了框架的满屏显示，隐藏下部框架 2.html 页面。

2）程序中定义下拉框命名为 wages，同时设置了 onchange 事件调用 changeList( )，当改变选项时执行函数 changeList()，从而将下拉框 wages 的值传递到了页面 2.html。

因此当选择低收入时下部框架页面 2.html 的网址为：2.html?type=little；当选择高收入时下部框架页面 2.html 的网址为：2.html?type=more。

（2）下部框架网页 2.html 页面的代码编写

在实际的应用中该程序应由动态网页产生，即从服务器端查询数据库后返回结果给该页面，在此仅用静态网页的方法模拟返回数据。

代码如下：

```
<script language="javascript">
    var wageStr="";
    if(location.search.indexOf('little')>-1)
        wageStr+='<input type="text" value="1500~5000">';
    else if (location.search.indexOf('more')>-1)
        wageStr+='<input type="text" value="5000~50000">';
    parent.toppage.document.getElementById('displaywages').innerHTML=wageStr;
</script>
```

说明：

1）该程序直接用 JavaScript 输出 HTML 内容，通过对 location.seach 变量字串的条件判断获知选择的是高收入还是低收入选项，从而将结果赋给字串 wageStr。

2）程序中还使用了 getElementById( )方法和 innerHTML 属性，这些方法在内置对象中有介绍。getElementById( )能够获取文档元素，它的功能就是在网页上刷新了指定 id 区域中的 HTML 内容，在示例中刷新了上部 1.html 中<div id="displaywages"></div>中的 HTML 的内容。

8.7 实例：窗口对象的控制

8.7.1 学习目标

熟练掌握 JavaScript 的常用窗口对象。

8.7.2 实例介绍

编写一个框架网页，如图 8-14 所示，本页面包含左、中、右 3 个框架文件，左、右两个网页的文件结构基本相同都为图片展示，左侧为书法作品展示，右侧为油画作品展示，当拖动其中任何一个页面的滚动条时另一个框架页面的滚动条也会同步滚动，如图 8-15 所示：中间框架页面包含了 3 个按钮，单击第 1 个“>”按钮，左边网页将充满全屏，如图 8-16 所示，单击第 2 个“<”按钮，右边网页将充满全屏幕，单击第 3 个“|”按钮，还原原始状态。

图 8-14　框架正常显示状态

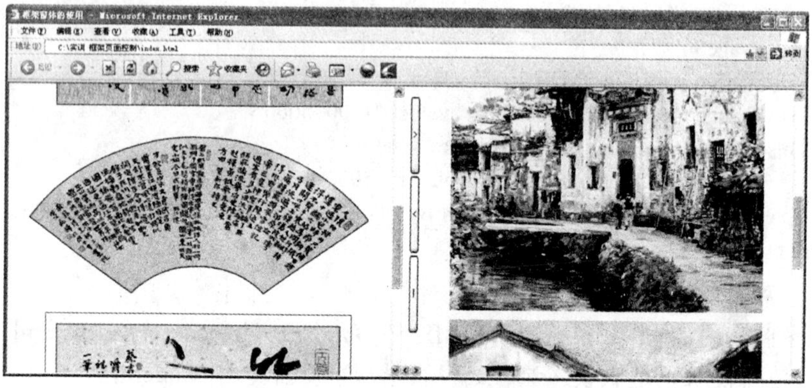

图 8-15　拖动滚动条的状态

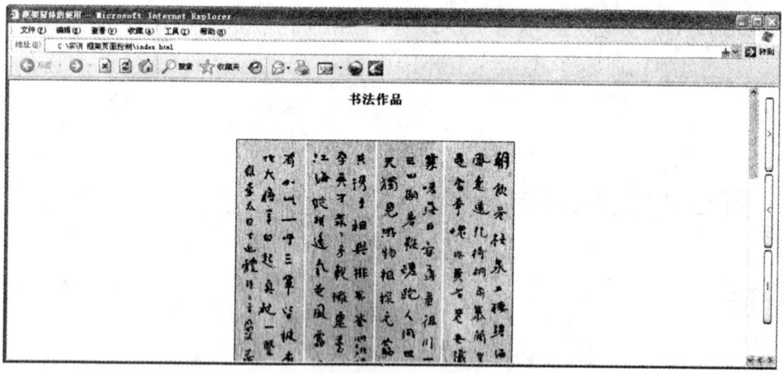

图 8-16　单击“>”按钮后的状态

8.7.3　实施过程

根据实例界面与要求，实例过程可以分为以下两步。

第一步：编写主页 index.html 的框架布局。

index.html 的框架布局 HTML 代码如下：

```
<frameset cols="50%,30,*" framespacing="0" frameborder="no" border="0">
```

```
    <frame src="1.html" name="left">
    <frame src="2.html" name="middle">
    <frame src="3.html" name="right">
</frameset>
```

子页面 1.html 的 HTML 代码如下：

```
<body onscroll="parent.right.document.body.scrollTop=parent.left.document.body.scrollTop">
    <center>
    <h1>书法作品</h1><br>
    <img src="images/a1.jpg"><br>
    <img src="images/a2.jpg"><br>
    <img src="images/a3.jpg">
    </center>
</body>
```

编写子页面 3.html 的 HTML 代码与 1.html 类似，不再赘述。

第二步：编写子页面 2.html 的 3 个按钮控制函数与代码。

表单设计与事件函数调用的代码如下：

```
<form name="form1">
    <input name="button1" type="button" value=">" style="padding:50px,0;"onclick="FrameCol(1)"><br>
    <input name="button2" type="button" value="<" style="padding:50px,0;"onclick="FrameCol(2)"><br>
    <input name="button3" type="button" value="|" style="padding:50px,0;"onclick="FrameCol(3)">
</form>
```

函数编写的代码如下：

```
function FrameCol(flag){
    if (flag==1){
        parent.document.body.cols="98%,30,0";
        document.getElementsByName('button1').disabled=true;
        document.getElementsByName('button2').disabled=false;
        document.getElementsByName('button3').disabled=false;
        }
    else if (flag==2){
        parent.document.body.cols="0,30,98%";
        document.getElementsByName('button1').disabled=false;
        document.getElementsByName('button2').disabled=true;
        document.getElementsByName('button3').disabled=false;
        }
    else{
        parent.document.body.cols="50%,30,*";
        document.getElementsByName('button1').disabled=false;
        document.getElementsByName('button2').disabled=false;
        document.getElementsByName('button3').disabled=true;
        }
    }
</script>
```

8.7.4 实例拓展

大家可以修改 2.html 的表单与函数代码，通过 getElementById( )来获取元素，然后判断并控制程序。

8.8 习题

1）下列选项中，（　　）可以打开一个无状态栏的页面。

A．window.open("http://www.baidu.com");

B．window.open("http://www.baidu.com","广告","toolbar=1,scrollbars=0,status=1");

C．window.open("http://www.baidu.com","","scrollbars=1,location=0,resizable=1,status=0");

D．window.open("http://www.baidu.com","","toolbars=0,scrollbars=1,location=1,status=no");

2）在一个注册页面中，如果填完注册信息后单击“注册” 按钮，则使用 window 对象的（　　）方法会弹出如图 8-6 所示的确认对话框，并且根据单击“确定”或“取消”按钮的不同，实现不同的页面程序。

A．confirm( );　　B．prompt( );　　C．alert( );　　D．open( );

第9章　事 件 处 理

9.1　事件的基本概念

9.1.1　什么是事件

事件是用户在访问页面时执行的操作。当浏览器探测到一个事件时，如鼠标单击或按键，它可以触发与这个事件相关联的 JavaScript 对象，这些对象称为事件处理程序。事件处理是一项重要技术，它包含了用户与页面的所有交互。

9.1.2　事件处理程序的调用

在使用事件处理程序对页面进行操作时，最主要的是如何通过对象的事件来指定事件处理程序，其指定方式主要有以下 3 种。

（1）HTML 标记通过事件直接使用 JavaScript 脚本

该方法是直接在 HTML 标记中指定事件处理程序，如在<body>和<input>标记中指定。

通过 HTML 标记使用事件的语法格式如下：

```
<标记……事件="事件处理程序"  [事件="事件处理程序"……]>
```

例如：

```
<input id="Button1" type="button" value=""button1" onclick='alert("Hello!");' />
```

（2）静态设置函数调用

将事件处理的语句块写到一个函数中，为按钮的 onclick 属性指定函数调用的文本即可。

通过静态设置函数使用事件的语法格式如下：

```
<标记……事件="函数名()" [事件=" 函数名()"……]>
```

例如：

```
<input id="Button1" type="button" value="button1"onclick="button_Click_1();" />
```

（3）动态设置函数调用对象

本方法主要是通过 JavaScript 代码使用事件，该方法是在 JavaScript 脚本中直接对各种对象的事件以及事件所调用的函数进行声明，不用在 HTML 标记中指定要执行的事件。

语法格式如下：

```
对象名. onclick =函数名;
```

例如：

```
Button1.onclick = button_Click_1;
```

【示例 9-1】 根据分辨率判断，打开不同的网页。

```
<input id="Button1" type="button" value="button1"  onclick='alert("我是" + this.value);alert("我被鼠标点中了！ ");' />
<input id="Button2" type="button" value="button2"  onclick="button_Click_1(this);"/>
<input id="Button3" type="button" value="button3"/>
<input id="Button4" type="button" value="button4" />
<script language="javascript">
    function button_Click_1(btn) {
        alert("我是" + btn.value);
        alert("我被鼠标点中了！ ");
    }
    function button_Click_2() {
        var s = "我是" + this.value + "<br >";
        s += "我被鼠标点中了！ ";
        display(s);
    }
    document.getElementById("Button3").onclick = button_Click_2;
    document.getElementById("Button4").onclick = button_Click_2;
    function display(msg) {
    document.getElementById("info").innerHTML = msg;
   }
</script>
```

运行代码，页面效果如图 9-1a 所示，单击“button2”按钮的结果如图 9-1b 所示，单击“button3”按钮的结果如图 9-1c 所示。

a) b) c)

图 9-1 单击按钮触发事件后的效果

a) 原始状态 b) 通过“button2”按钮触发事件 c) 通过“button3”按钮触发事件

说明：

本示例中对于动态事件的设定也可以采用如下格式：

对象.setAttribute("属性名", "属性值");如：

```
document.getElementById("Button3").setAttribute("onclick", "button_Click_1(this);");
```

9.1.3 JavaScript 的常用事件

JavaScript 常用的事件如表 9-1 所示，本书将重点介绍制作网页时常用的事件。

表 9-1 JavaScript 中的常用事件

事件名称	含义	详细说明
onClick	鼠标单击	单击按钮、图片、文本框、列表框等
onChange	内容发生改变	如文本框的内容发生改变
onFocus	获得焦点（鼠标）	如单击文本框时，该文本框获得焦点（鼠标），产生 onFocus（获得焦点）事件
onBlur	失去焦点（鼠标）	与获得焦点相反，当用户单击别的文本框时，该文本框就失去焦点，产生 onBlur（失去焦点）事件
onMouseOver	鼠标悬停事件	当移动鼠标，停留在图片或文本框等的上面时，就产生 onMouseOver（鼠标悬停）事件
onMouseOut	鼠标移出事件	当移动鼠标，离开图片或文本框所在的区域，就产生 onMouseOut（鼠标移出）事件
OnMouseMove	鼠标移动事件	当鼠标在图片或层<DIV>或<SPAN>等 HTML 元素上方移动时，就产生 onMouseMove（鼠标移动）事件
onLoad	页面加载事件	HTML 网页从网站服务器下载到本机后，需要 IE 浏览器加载到内存中，然后解释执行并显示。浏览器加载 HTML 网页时，将产生 onLoad（页面加载）事件
onSubmit	表单提交事件	当用户单击"提交"按钮，提交表单信息时，将产生 onSubmit（表单提交）事件
onMouseDown	鼠标按下事件	当在按钮、图片等 HTML 元素上按下鼠标时，将产生 onMouseDown 事件
OnMouseUp	鼠标弹起事件	当在按钮、图片等 HTML 元素上释放鼠标时，将产生 onMouseUp 事件
onResize	窗口大小改变事件	当用户改变窗口大小时产生，例如窗口最大化、窗口最小化、用鼠标拖动改变窗口大小等

下面通过几个示例再次认识事件的应用。

【示例 9-2】 使用 onChange 事件结合 location 对象制作跳转菜单。

表单设置的 HTML 代码如下：

```
<form name="myform">
    <img src="spring.jpg" width="400"><br>
    风景名胜浏览
    <select name="menu1" onChange="jump( )" >
        <option>---请选择景点名称--</option>
        <option value="http://www.wystr.com/">武夷山</option>
        <option value="http://www.shaolin.org.cn/">少林寺</option>
        <option value="http://www.huangshan.gov.cn/">黄山</option>
    </select>
</form>
```

响应事件的 JavaScript 代码如下：

```
function jump ( ){
   location.href=document.myform.menu1.value;
}
```

运行代码，单击下拉框，选择“黄山”效果，如图 9-2a 所示，完成选择后就触发了 onchange 事件，并调用 Jump( )函数，将本页面的 location 跳转到如图 9-2b 所示的黄山页面。

a)　　　　b)

图 9-2　onChange 事件的应用

a) 原始状态　b) 通过选择下拉框选项触发事件使页面跳转

【示例 9-3】 使用 onBlur 事件与 onFocus 事件结合自定义函数友好提示用户输入界面。

（1）onBlur 事件

表单元素失去焦点或光标移出元素时，就会调用 onBlur 事件。

文本框失去焦点或光标移出文本框时，以下代码将调用 myfunc2( )函数：

```
<input type="text" value="" name="txtName" onBlur="myfun2()">
```

（2）onFocus 事件

当用户单击文本框时，文本框获得鼠标的光标，提示用户输入。这时用户习惯性地称该文本框得到焦点；同样，当用户填完数据，鼠标移动到另一个输入框时，大家习惯性地称该文本框失去焦点，产生了失去焦点 onBlur 事件。

有的网页的文本框输入要求一定的格式，很多网站将提示信息显示在文本框中，当用户单击文本框准备输入时，文本框中的提示信息将自动消失。

文本框获取焦点时，以下代码将调用 myfunc1( )函数：

```
<input type="text" value="" name="txtName" onFocus="myfun1( )" >
```

表单设置的 HTML 代码如下：

```
<form name="myform">
    <h2>编号：
    <input type="text" name ="card" onFocus="myfun1()" onBlur="myfun2()"value="请注意格式：
10xxx">
    <br>
    密码：<input type="text" name ="pass"></h2>
</form>
```

表单控件的 CSS 样式设置如下：

```
input {
        background-color:#CFF;
        font-size: 18px;
        border: 1px solid;
        padding:5px;
}
```

响应事件的 JavaScript 中 myfun1( )与 myfun2( )两个函数的代码如下：

```
function myfun1( ){
   if (document.myform.card.value=="请注意格式：10xxx")
       document.myform.card.value="" ;
}
function myfun2( ){
  var a=document.myform.card.value;
  if (a.substr(0,2)!="10" || isNaN(a)) {
    alert("格式错误，请重新输入") ;
    //再次获得焦点，即鼠标光标回到编号文本框
    document.myform.card.focus();
  }
}
```

代码运行，页面效果如图 9-3a 所示，当鼠标聚焦到编号文本框后，“请注意格式：10xxx”将自动消失，页面效果如图 9-3b 所示，如果不输入任何内容，使其失去焦点的话，页面将会提示“格式错误，请重新输入”的提示，页面效果如图 9-3c 所示。

a) b) c)

图 9-3 onBlur 与 onFocus 事件的应用效果

a) 默认状态 b) 编号文本框聚焦状态 c) 格式验证效果

【示例 9-4】 使用 onMouseOver 事件与 onMouseOut 事件来改变按钮的背景颜色。

（1）onMouseOver 事件

每当鼠标光标移到元素上时，都会触发 onMouseOver 事件。此事件主要用于层或图片链接。当鼠标光标移动到应用层或图片的区域上时，就会激活 onMouseOver 事件。

（2）onMouseOut 事件

每当鼠标光标移出元素时，都会触发 onMouseOut 事件。此事件也主要用于层或图片链接。很多网站上的图片广告，当鼠标移过去时，它会切换到别的图片，当鼠标移走时，又恢

复为原来的图片。

表单设置的 HTML 代码如下：

```
<form name="myform" method="post" action="">
  <input type="submit" name="but1" id="but1" value="提交"   onMouseOver="myfun1( )"
   onMouseOut="myfun2( )">
</form>
```

表单控件的 CSS 样式设置如下：

```
input {width:82px;
        height:23px;
        background-image: url(images/back1.jpg);
        border:0px;
}
```

响应事件的 JavaScript 代码如下：

```
function myfun1( ){
    var but1=document.getElementById('but1');
    but1.style.backgroundImage='url(images/back2.jpg)';
}
function myfun2( ){
    var but1=document.getElementById('but1');
    but1.style.backgroundImage='url(images/back1.jpg)';
}
```

运行代码，页面效果如图 9-4a 所示。

a) b)

图 9-4 按钮的默认状态与鼠标经过状态

a) 默认状态 b) 鼠标经过状态

说明：

也可以将所有的事件与样式全部包含在 HTML 代码中，代码简化如下：

```
<form name="form1" method="post" action="">
  <input type="submit" name="Submit" value="提交"
  style="width:82px; height:23px;background-image: url(images/back1.jpg); border:0px; "
  onMouseOver="this.style.backgroundImage='url(images/back2.jpg)';"
  onMouseOut="this.style.backgroundImage='url(images/back1.jpg)';">
</form>
```

9.2　表单元素相关的事件处理程序

JavaScript 程序是典型的事件驱动程序，也就是说，当事件发生时，将执行与之关联的 JavaScript 代码。事件是由于用户的交互而在网页上进行的操作。事件处理程序指定发生特定事件时执行哪个 JavaScript 代码。

以下是发生（触发）事件的一些典型情况。

- 单击按钮时。
- 调整网页大小时。
- 在一组选项中改变选中的选项时。
- 提交表单时。

文本框、文本区域、按钮和复选框等各种表单元素都支持不同类型的事件处理程序。

9.2.1　文本框对象相关事件

文本框元素用于在表单中输入字、词或一系列数字。可以通过将 HTML 标记〈input〉中的“Type”设置为“Text”，来创建文本框元素。

如表 9-2 所示列出了与文本框关联的一些常用事件处理程序。

表 9-2　文本框对象的事件处理程序

分　类	属性事件与方法	说　明
事件	onBlur	文本框失去焦点
	onChange	文本框的值被修改
	onFocus	光标进入文本框中
方法	focus( )	获得焦点，即获得鼠标光标
	select( )	选中文本内容，突出显示输入区域
属性	readonly	只读，文本框中的内容不能修改

（1）onFocus 和 onBlur 事件

前面曾介绍过这两个事件，每当某个表单元素变为当前表单元素时，就会发生 onFocus 事件。元素只有在拥有焦点时，才能接收用户输入。当用户在元素上单击鼠标或按下〈Tab〉或〈Shift+Tab〉键时，就会发生这种情况。

（2）onChange 事件

onChange 事件将跟踪用户在文本框中所做的修改，当用户在文本框中完成修改之后，将激活该事件。

（3）select( )方法

选中文本内容，突出显示输入区域，一般用于提示用户重新输入。

（4）readonly 属性

某些文本框希望用户不能修改，例如，某个电子网站的商品价格是卖方确定，所以希望用户不能修改，这是可以指定 readonly 只读属性。

【示例 9-5】 文本框相关事件属性与方法的综合应用，如图 9-5 所示。

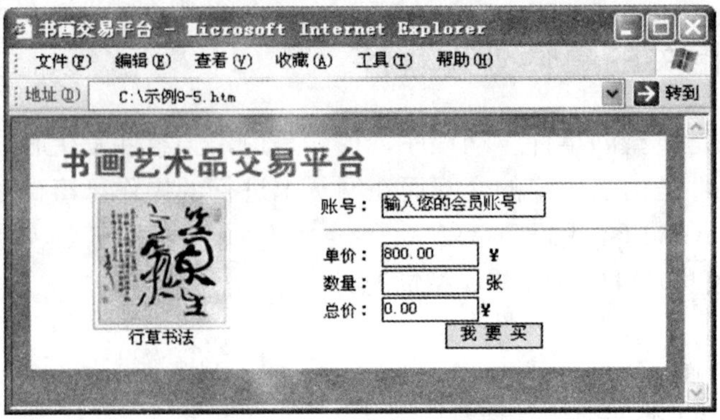

图 9-5　文本框相关事件综合应用

本例与【示例 9-3】类似，页面打开时，账号文本框中显示提示信息：输入您的会员账号。一旦用户单击账号框，准备输入时，账号框将自动清空，如图 9-6 所示。

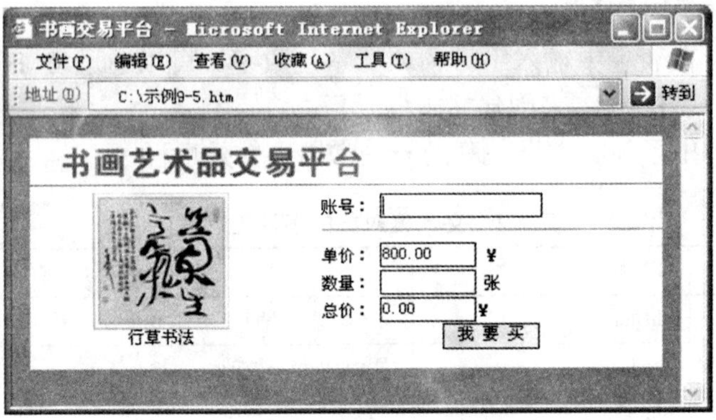

图 9-6　文本框获取焦点后内容清空

账号文本框要求输入格式必须是“10”打头，并且必须是数字，当用户输入错误，单击下一个文本框时，将弹出错误提示警告框，并选中账户文本框中的内容，提示用户重新输入，此功能与【示例 9-3】相似。

用户输入正确的账号后，单价不用输入，且不能修改，即只读。用户在数量文本框中输入相应数量，然后单击“总价”文本框时，将自动计算总价，如图 9-7 所示。

图 9-7　文本框的 onChange 事件处理程序自动计算总价

实现过程如下。

第一步：利用 Dreamweaver 工具设计页面，采用 7 行 2 列的表格布局，设置表格和页面的背景色，如图 9-8 所示。

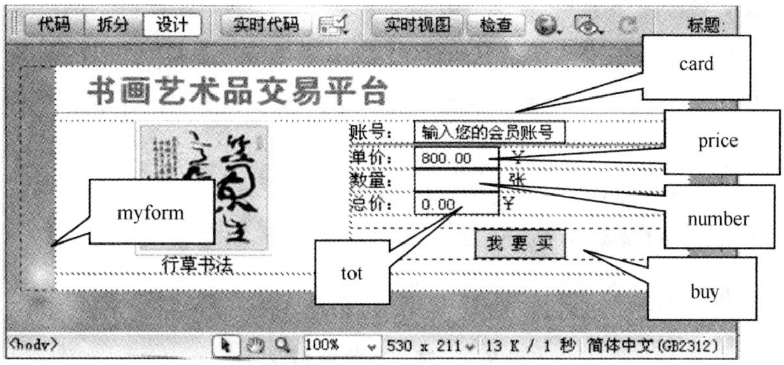

图 9-8 页面表单设计

核心 HTML 代码如下：

```
<form name="myform">
  账号:
 <input name ="card" type = text id="card" onFocus="clearText( )" onBlur="check( )" value="输入您的会员账号" size="18">
  单价：<input name ="price" type = text id="price" value="800.00" size="10" readonly >¥
  数量：<input name ="number" type = text id="number" size="10" onChange="compute( )">张
  总价：<input name ="tot" type = text id="tot" value="0.00" size="10" >¥
  <input name="buy" type="button" id="buy" value="我 要 买">
</form>
```

第二步：添加脚本代码及相关函数。

添加页面的 JavaScript 代码如下：

```
function clearText( ){
    if (document.myform.card.value=="输入您的会员账号")
        document.myform.card.value="" ;
}
function check( ){
  var a=document.myform.card.value;
  if (a.substr(0,2)!="10" || isNaN(a))    {
        alert("格式错误，请重新输入，必须以 10 开头！");
        //再次获得焦点，即鼠标光标回到“账号”文本框
        document.myform.card.focus();
        //选中“账号”文本框中的文本内容，提示重新输入
        document.myform.card.select();
  }
}
function compute( ){
```

```
        document.myform.tot.value=document.myform.price.value * document.myform.number.value;
    }
```

9.2.2 命令按钮对象相关事件

命令按钮对象是网页中最常用的元素之一。通过修改<input>标记的 TYPE 属性，可以将命令按钮用做“提交”按钮和“重置”按钮或其他用途的一般按钮，如下所示。

```
<input name="mybutton1" type="submit" value="提交">
<input name="mybutton2" type="reset" value="重置">
<input name="mybutton3" type="button" value="计算">
```

如表 9-3 所示列出了与命令按钮相关的常用事件。

表 9-3 按钮的常用事件

按 钮 类 型	事件处理程序	说 明
按钮	onSubmit	表单提交事件，单击“提交”按钮时产生，此事件属于<form>标记，不属于“提交”按钮，事件处理代码为： <form onSubmit="return 函数">……</form>
普通按钮	onClick	按钮单击事件

onClick 事件比较熟悉，在此重点学习表单提交事件 onSubmit。

当客户端单击“提交”按钮，准备提交表单信息到远程服务器时，将产生 onSubmit 表单提交事件。利用此事件可以在表单信息提交到服务器之前，检验客户端输入的数据是否合法、有效，如大家比较熟悉的电子邮件格式是否正确，年份输入是否合法等。

【示例 9-6】 演示“提交”按钮对象和“重置”按钮对象的用法以及密码验证。

单击“提交”按钮将调用与 onSubmit 事件关联的验证函数，以检查两个密码是否匹配。如果匹配，则首先检查密码是否为空。如果不为空，则显示“欢迎”消息。否则，显示“密码不匹配”的消息，如图 9-9 所示。

图 9-9 提交和重置按钮

“重置”按钮对象的功能集成于浏览器中。因此，单击“重置”按钮将重置表单中的所有组件。在此示例中，单击“重置”按钮将自动清除文本框中的内容，而无需另外编写代码。

第一步：利用 Dreamweaver 工具设计页面，采用 7 行 2 列的表格布局，设置表格和页面的背景色，如图 9-10 所示。

图 9-10　页面表单设计

核心 HTML 代码如下：

```
<form action="" method="post" name="myform" onSubmit="return check( )" >
   会员名：  <input maxlength=32 size=20 name="userName">
   密　码：  <input name="pass1" type="text" id="pass1" size=20 maxlength=32>
   确认密码：  < input name="pass2" id="pass2" size=20 maxlength=32>
   < input name="register" type="reset" id="register" value="  重    置  " >
   < input name="register" type="submit" id="register" value="  注    册  " >
</form >
```

注意：onSubmit 事件是属于<form>表单元素，所以要写在<form>标记内，不要写在提交按钮标签内。onSubmit="return check()"将根据返回的真假值来决定是否提交表单数据，如果 check()函数返回 true，则提交表单到远程服务器；否则，则不提交，直到客户端填写数据正确为止。

第二步：添加脚本代码及相关函数。

添加的页面 JavaScript 代码如下：

```
function check( ){ //函数 check()检查是否输入密码，并要求确认密码和输入密码相同
 var userName= document.myform.userName.value;
 var pass1= document.myform.pass1.value;
 var pass2=document.myform.pass2.value;
 if (pass1==pass2) {
           if (pass1.length!=0) {
           document.write("<h2>恭喜您，注册成功！欢迎"+userName+"光临！</h2>");
           return true;
           }
        else { //如果有误，返回 false，从而阻止提交表单数据到服务器，直到客户端数据填写正
确为止
        alert("密码不能为空！\n 请输入密码");
        return false;
        }
 }
 else {
        alert("确认码必须和输入的密码相同！");
        return false;
```

```
        }
    }
```

9.2.3 复选框对象相关事件

当需要用户在一列选项中选择多个选项时，可以使用复选框对象。它是用<input>标记创建的，如下所示。

```
<input type="checkbox" value="音乐">音乐
<input type="checkbox" value="电影">电影
<input type="checkbox" value="舞蹈">舞蹈
```

如表 9-4 所示列出了与复选框对象关联的事件属性和方法。

表 9-4 复选框的属性和事件

分　类	属性事件与方法	说　明
事件	onBlur	复选框失去焦点
	onFocus	复选框获得焦点
	onClick	单击复选框
属性	checked	复选框是否被选中，选中为 true，未选中为 false，可以使用此属性查看复选框的状态或设置复选框是否被选中
	value	设置或获取复选框的值

【示例 9-7】 演示复选框对象的使用。

复选框的 checked 属性常用于检查是否被选中，checked 属性的典型应用如图 9-11 和图 9-12 所示。

图 9-11 旅游调查的复选框表单

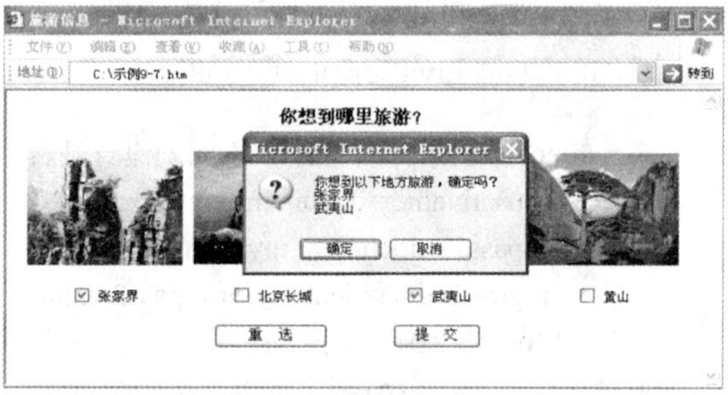

图 9-12 提交后的效果

这是一个网上调查的表单，用户通过复选框点选自己想旅游的地方，单击“提交”按钮后，弹出确认的信息提示框供用户确定，页面中将显示用户想去旅游的地方如图 9-13 所示。

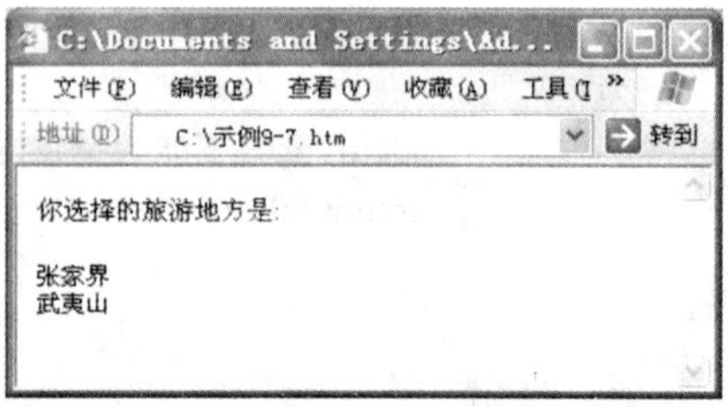

图 9-13 页面中显示用户想旅游的地方

具体实现步骤如下。

第一步：用 Dreamweaver 设计页面，设置每个表单元素的名称，如图 9-14 所示。

为了提取每个复选框代表的选项值，在设计页面时一定要设置每个复选框的值为该复选框对应的图片，如图 9-14 所示。“提交”按钮设置为普通按钮，当单击此按钮时，将以此判断每个复选框是否选中，添加脚本代码。

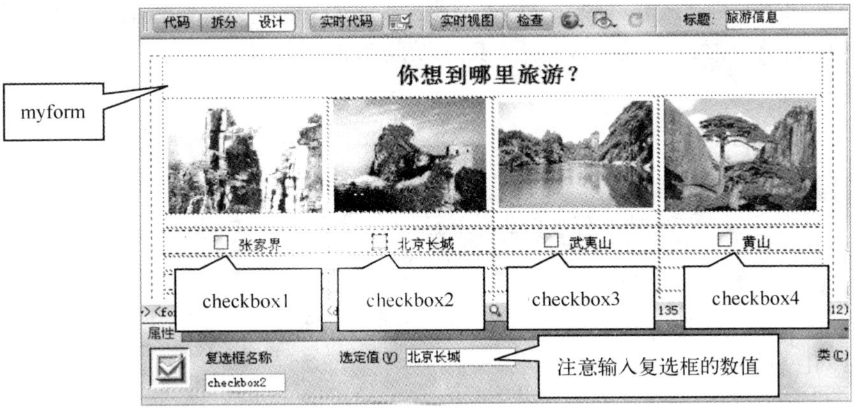

图 9-14　页面设计

核心 HTML 代码如下：

```
<form action="" method="post" name="myform">
    <input name="checkbox1" type="checkbox" id="checkbox1" value="张家界">张家界
    <input name="checkbox2" type="checkbox" id="checkbox2" value="北京长城">北京长城
    <input name="checkbox3" type="checkbox" id="checkbox3" value="武夷山">武夷山
    <input name="checkbox4" type="checkbox" id="checkbox4" value="黄山">黄山
    <input type="reset" name="Submit" value="  重  选  ">
    <input name="checkButton" type="button" id="checkButton" value=" 提  交 " onClick="check( )">
</form >
```

第二步：添加脚本代码及相关函数。

添加的页面 JavaScript 代码如下：

```
function check( ){
 var s="";
 if (document.myform.checkbox1.checked==true)
     s=s+document.myform.checkbox1.value+"\n";
 if (document.myform.checkbox2.checked==true)
     s=s+document.myform.checkbox2.value+"\n";
 if (document.myform.checkbox3.checked==true)
     s=s+document.myform.checkbox3.value+"\n";
 if (document.myform.checkbox4.checked==true)
     s=s+document.myform.checkbox4.value+"\n";
if(confirm("你想到以下地方旅游，确定吗？\n"+s)==true)
    document.write("你选择的旅游地方是:<pre>"+s+"</pre>");
 }
```

此代码的输出结构如图 9-11、图 9-12 和图 9-13 所示。

上述方法对于该示例是可行的，4 个复选框使用了 4 个非常相似的 if 条件语句判断。但是如果选项有很多，比如 10 种选项呢？岂不是需要使用 10 个 if 条件语句，所以该代码应该改进。既然它们的 if 语句都非常类似，就可以考虑采用数组，和 C 语言一样，数组必须存放相同数据类型的数据，它们都使用同一个变量名，如 m。根据下标来标识每个数据，第一个数据表示为 m [0]，第二个数据 m [1]，其他以此类推。同理，部分 HTML 元素中也支持数组的用法。

改进上述例子，把 4 个复选框的名称都改为“mybox”，如图 9-15 所示。

图 9-15　修改复选框名称

此时 HTML 代码为：

```
<input name="mybox" type="checkbox" id="mybox" value="张家界">
```

这样使得这 4 个复选框构成一个数组 mybox，第一个复选框就是 mybox[0]，第二个就是 mybox[1]，其他以此类推。既然是数组，和以前我们学习数组一样，它常常和 for 循环配合使用，此例只需要循环检查每个复选框是否选中就可以了，改进后的代码片段见“示例 9-7 优化.htm”。这样，即使选项增加，也不用编写多行的重复代码了。

优化后的 JavaScript 代码如下：

```
function check( )
{
 var s="";
 for (var i=0;i<document.myform.mybox.length;i++)
  {
//判断第 i 个复选框是否被选中
 if (document.myform.mybox[i].checked==true)
       s=s+document.myform.mybox[i].value+"\n";
 }
 if(confirm("你想到以下地方旅游，确定吗？\n"+s)==true)
     document.write("你选择的旅游地方是:<pre>"+s+"</pre>");
}
```

9.2.4　单选按钮对象相关事件

在为网站设计登记表单时，设计人员可能会需要用户在某些框内只选择一个选项。为此，可以使用表单元素的单选按钮对象。例如，“性别”框有“男”和“女”选项，用户不能选择多于一个选项。例如：

```
<input type="radio" name="sex" value="男">男
<input type="radio" name="sex" value="女">女
```

如表 9-5 所示列出了与单选按钮相关的属性和方法。

表 9-5　单选按钮的事件和方法

分　类	属性事件与方法	说　明
事件	onBlur	单选按钮失去焦点
	onFocus	单选按钮获得焦点
	onClick	单击单选按钮
属性	checked	单选按钮是否被选中，选中为 true，未选中为 false，可以使用此属性查看单选按钮的状态或设置单选按钮是否被选中
	value	设置或获取单选按钮的值

【示例 9-8】 演示单选按钮对象的事件应用。

单选按钮的功能是从多个选项中只能选一个，即多选一。继续完善【示例 9-7】，添加单选按钮，允许用户选择身份是游客还是旅行社，实现的效果如图 9-16 和图 9-17 所示。

图 9-16　添加单选按钮

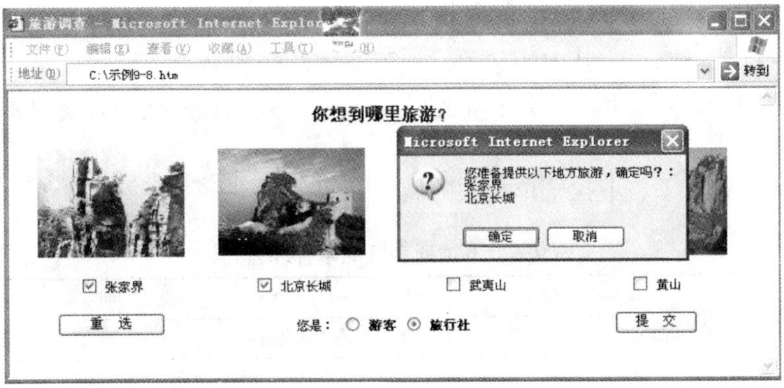

图 9-17　触发单选按钮事件

由于单选按钮是多选一，要求多个选项组成同一个组，所以每个选项的名字必须相同（本例取名为 myradio），否则会认为是两个不同的选项组。既然各个选项的名字必须相同，它们自然就组成一个数组（myradio），第一个选项“游客”即 myradio[0]，第二个选项“旅行社”即 myradio[1]。

单选按钮的 HTML 代码如下：

```
<input name="myradio" type="radio" value="游客" checked>游客
< input type="radio" name="myradio" value="旅行社">旅行社
```

改进后的 JavaScript 代码如下：

```
function check( ){
 var s="";
for (var i=0;i< document.myform.mybox.length;i++)
 {
 //判断第 i 个复选框是否被选中
 if (document.myform.mybox[i].checked==true)
        s=s+document.myform.mybox[i].value+"\n";
 }
 //判断游客选项是否选中
 if (document.myform.myradio[0].checked==true)
 {
    if(confirm("您准备到以下地方旅游，确定吗？：\n"+s)==true)
        document.write("您选择了以下的旅游景点:<pre>"+s+"</pre>");
 }
 else
 {
    if (confirm("您准备提供以下地方旅游，确定吗？：\n"+s)==true)
        document.write("您提供了以下旅游景点:<pre>"+s+"</pre>");
 }
}
```

9.2.5 下拉列表框对象相关事件

下拉列表框也称为下拉菜单、组合框。许多时候，在网站中提供一列选项的最好方式是使用下拉列表框。例如，在注册电子邮件地址时，出生日期等框通常是用 3 个下拉列表框表示的，一个显示年列表，一个显示月列表，一个显示日列表。这将创造一个友好的用户环境，用户单击鼠标就可以选定其中的选项，从而节省时间和精力。

下拉列表框由一个列表和一个选择框组成。其中，列表显示选项，选择框显示当前所选的项。

如表 9-6 所示列出了与下拉菜单相关的属性和事件。

表 9-6　下拉列表框的事件和方法

分　类	属性事件与方法	说　明
事件	onBlur	下拉列表框失去焦点
	onChange	当选项发生改变时产生改变
	onFocus	下拉列表框获得焦点
属性	value	下拉列表框中，备选选项的值
	options	所有的选项组成一个数组，options 表示整个选项数组，第一个选项即为 options[0]，第二个即为 options[1]，其他以此类推
	selectedIndex	返回被选择的选项的索引号，如果选中第一个返回 0，第二个返回 1，其他以此类推

【示例 9-9】 深入学习了下拉列表框的属性和事件后，一起来看看网页注册中的一些小细节，如图 9-18 所示。用户注册时将填写姓名、省份、城市 3 项，通过下拉菜单可以选择省份。如果用户选择的是直辖市（如天津市），城市就自动填写“天津市”，本例就为了解决

这个小细节。当用户选择的是直辖市时，城市将自动填写，方便用户填写，单击“快速注册”按钮，结果页面如图 9-19 所示。

图 9-18 下拉列表框事件应用

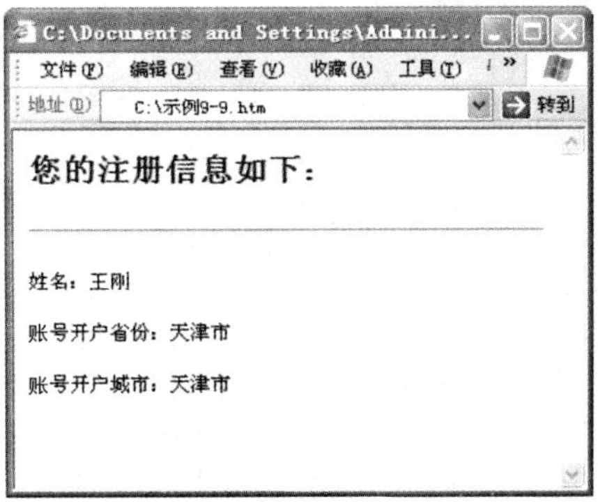

图 9-19 显示结果

实现思路：

可以根据下拉列表框的 onChange（选项改变）事件，判断是否选择了直辖市，如果是直辖市，则设置城市文本框的值为对应的直辖市即可。

首先设计页面，设置各个表单元素的名称如下。

- 姓名文本框的名称：userName；
- 下拉菜单的名称：myselect；
- 表单<form>的名称：myform；

城市文本框的名称为：city10。

第一步：用 Dreamweaver 设计页面，设置每个表单元素的名称。

编写的 HTML 核心代码如下：

```
<form name="myform" id="myform">
姓  名：<input name="userName" type="text" id="userName" size="25">
省  份：
 <select name="myselect" id="myselect" onChange="myfun1( )">
         <option>--请选择所在的省份--</option>
         <option value="北京市">北京市</option>
         <option value="上海市">上海市</option>
         <option value="重庆市">重庆市</option>
         <option value="天津市">天津市</option>
         <option value="江苏省">江苏省</option>
         <option value="山西省">山西省</option>
         <option value="湖南省">湖南省</option>
    </select>
城  市：
 <input name="city" type="text" id="city" size="25">
<img src="regquick.jpg" onClick="myfun2( )">
</form>
```

第二步：添加脚本代码及相关函数。

```
function myfun1( )   {
    var d=document.myform.myselect.selectedIndex;
     if (d==1 || d==2 || d==3 || d==4)
         document.myform.city.value=document.myform.myselect.options[d].text ;
}
function myfun2( )   {
   var userName=document.myform.userName.value;
    var province=document.myform.myselect.value ;
    var city=document.myform.city.value ;
    document.write("<body bgColor=#FFFAEB>");
    document.write("<H2>您的注册信息如下：</H2>");
    document.write("<HR>");
    document.write("<P>姓名："+userName);
    document.write("<P>账号开户省份："+province);
    document.write("<P>账号开户城市："+city);
}
```

下拉菜单的所有选项组成一个数组，属性 options 就是表示整个选项数组，第一个选项即为 options[0]，第二个即为 options[1]，其他以此类推。

在上述下拉菜单的 HTML 代码中，<option>标记之间的“北京市”代表选项的文本内容（text），“value”属性后面的“北京市”代表该选项的值。值和文本内容可以不一样。页面上将显示文本内容，所有文本内容主要是给浏览者看的，而提交给服务器后，服务器端一般关注的是 value 值。

如果希望获取选项的索引号，则用 selectIndex 属性即可。同普通数组一样，第一个选项为 0，第二个选项为 1，其他以此类推。

如果希望获取选项的文本内容，则取得数组 options 中的值，即 options[selectIndex].text，因为 selectIndex 属性就代表被选择的数组下标。

如果希望获取选择的值，即 value，则用 value 属性即可，本例在提交时就是通过 value 属性获得用户的省份选项值的。

9.3 实例：表单验证

9.3.1 学习目标

1）熟练掌握 JavaScript 的表单验证思路。

2）熟练掌握表单元素的事件处理机制。

9.3.2 实例介绍

假设书画艺术交易网站，一天就有大约 50 名用户注册使用它的服务。当检查数据库录入项时，发现用户提供的大部分信息都是错误的，例如，电子邮件地址是“abcd#xyz.com”，电话号码是“adk12*#&”，出生日期显示申请人已超过百岁。

在看到这些无效数据之后，该网站的设计人员或程序员可能会思考哪里出错了。问题出在从用户提交注册表单到数据到达数据库之间，表单验证这个重要的中间步骤被忽略了。

JavaScript 最常见的用法之一就是验证表单，如图 9-20 所示。对于检查用户输入的错误和遗漏的必选项，JavaScript 是一种十分便捷的方法。

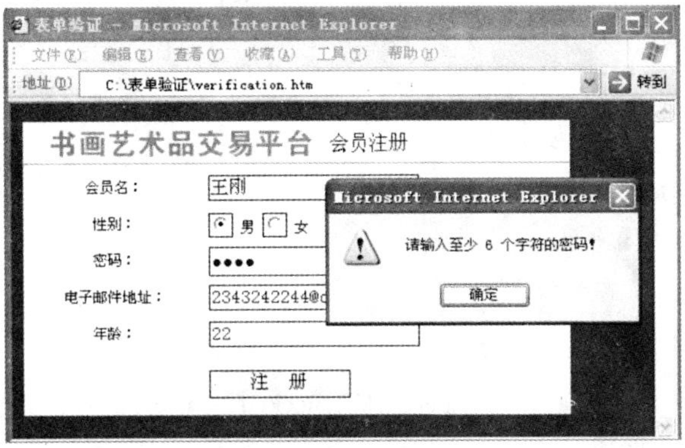

图 9-20　表单验证界面

在进行表单验证时，如果发生下列情况，则显示警告信息。

- “会员名”文本框为空白。
- 性别未选定。
- 输入的密码少于 6 个字符。
- 指定的电子邮件地址中没有“@”字符。
- 年龄不在 1～99 的范围内，或留为空白。

9.3.3 实施过程

根据实例界面与要求，实施过程可以分为以下两步。

第一步：用 Dreamweaver 设计页面，设置每个表单元素的名称，如图 9-21 所示。

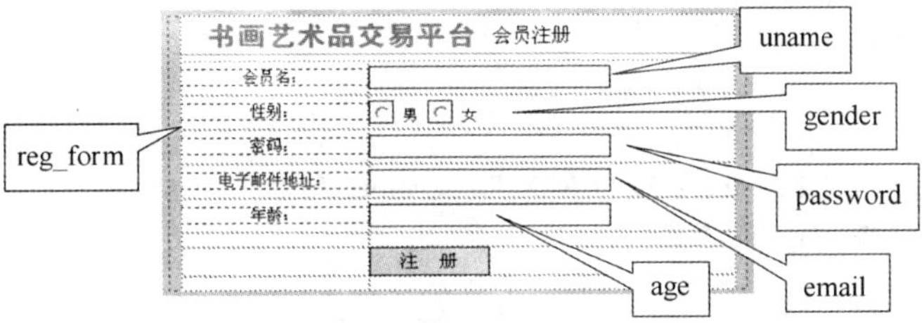

图 9-21　表单验证界面设计

HTML 的核心代码如下：

```
<form name="reg_form" onSubmit="return validate()" action="submit.htm">
      会员名：  <input type="text" name="uname" >
      性别：  <input type="radio" name="gender" value="男">男
              < input type="radio" name="gender" value="女">女
      密码：  <input type="password" name="password" id="password">
      电子邮件地址：<input type="text" name="email" id="email">
      年龄：<input type="text" name="age">
        <input type="submit" name ="Submit" value=" 注   册 ">
</form>
```

第二步：编写表单验证函数 validate( )。

表单验证函数的 JavaScript 代码如下：

```
function validate(){
//会员名验证
f=document.reg_form;
if(f.uname.value==""){
        alert("请输入姓名");
        f.uname.focus();
        return false;
        }
//性别验证
if (f.gender[0].checked==false && f.gender[1].checked==false){
        alert("请指定性别");
        f.gender[0].focus();
        return false;
        }
//密码验证
if ((f.password.value.length < 6) || (f.password.value == "")){
        alert("请输入至少 6 个字符的密码！");
        f.password.focus();
        return false;
        }
//邮箱验证
q=f.email.value.indexOf("@");
        if (q==-1){
        alert("请输入有效的电子邮件地址");
        f.email.focus();
        return false;
        }
//年龄验证
if (f.age.value<1 || f.age.value> 99 || isNaN(f.age.value)){
        alert("请输入有效的年龄！");
        f.age.focus();
        return false;
        }
}
</script>
```

9.3.4 实例拓展

经过大量的总结与提炼，大家可以对验证的相关函数进行优化整理单独编写验证函数，构建函数库。代码如下：

```
/* 数据长度验证 */
function length_valid(element, minlength, maxlength) {
```

```
        if (minlength == null) minlength = 0;
        if (maxlength == null) maxlength = 10;
        validtext = "";
        if (element.value.length > maxlength || element.value.length < minlength) {
            element.focus();
            return false;
        }
        return true;
    }
    /* 必填验证 */
    function isFilled(element) {
        element.value = element.value.replace(element.placeholder, "");
        var s = element.value.replace(/(^\s*)(\s*$)/g, "");
        return (s.length > 0);
    }
    /* 邮箱验证 */
    function isEmail(element) {
        return (element.value.indexOf("@") != -1 && element.value.indexOf(".") != -1);
    }
```

对于函数的使用，可以参考实例拓展的示例。

9.4 习题

1）下列选项中，（　　）能获得焦点。

A．Blur()　　B．onBlur ()　　C．Focus()　　D．onFocus()

2）当鼠标指针移到页面上的某个图片上时，图片出现一个边框，并且图片放大，这是因为激发了下例的（　　）事件。

A．onClick　　B．onMouseMove　　C．onMouseOut　　D．OnmouseDown

3）下列选项中，（　　）可以用来检索下拉列表框中被选项目的索引号。

A．selectedLndex　　B．options　　C．length　　D．add

4）下列选项中（　　）可实现刷新当前页面。

A．reload( )　　B．replace( )　　C．href( )　　D．referrer( )

5）页面上有一个文本框和一个类 change，change 可以改变文本框的边框样式，那么使用下面的（　　）不能实现当鼠标指针移到文本框上时，文本框的边框样式发生变化。

A．onMouseover="className='change'";

B．onMouseover="this.className='change'";

C．onMouseover="this.style.className='kchange'";

D．onMouseMove="this.style.border='solid 1px #ff0000'";

第 10 章　DOM 高级编程

10.1　DOM 对象意义

DOM 是文档对象模型（Document　Object　Model）的缩写。DOM 对象模型的出现，使得 HTML 元素成为对象，借助 JavaScript 脚本就能操作 HTML 元素。HTML 元素允许相互嵌套，页面文档部分是由 body 为根节点的 HTML 节点树组成的，DOM 的结构就是一个树形结构，如图 7-4 所示。在 JavaScript 程序使用 DOM 对象中可以动态添加、删除、查询节点，设置节点的属性，程序员使用丰富的 DOM 对象库可以方便地操控 HTML 元素。

10.2　DOM 对象节点类型

一个文档是有任意多个节点的分层组成的。下面是一个合法 DOM 文档，提供了一个无序列表，文档中包含了最常用的节点类型，它们是元素节点、属性节点和文本节点。

10.2.1　元素节点

元素（Element）节点是构建 DOM 树形结构的基础，可以作为非终端节点，可以有自己的属性节点、下级元素节点和下级文本节点。下级元素节点实现了 DOM 树纵向扩展，同级元素节点实现了 DOM 树横向扩展。元素节点在没有任何子节点的情况下它就是终端节点。元素节点的节点类型号为 1。

10.2.2　属性节点

属性（Attribute）节点是一个键值对，键是属性名，值是属性值。属性节点不能成为独立节点，它必须从属于元素节点，只用来描述元素节点的属性，充实元素节点的内容，因此，可以说属性节点不是节点，在 DOM 的操作中使用的方法也与其他节点不同。属性节点的节点类型号为 2。

10.2.3　文本节点

文本（Text）节点表示一段文本，只能作为独立的终端节点，没有子节点和属性节点。文本节点的节点类型号为 3。

通过以下代码认识 DOM 对象的树结构。

```
<body>
    <ul id="nav">
        <li><a href="javascript:alert('建设目标');">建设目标</a></li>
```

```
        <li><a href="javascript:alert('建设思路');">建设思路</a></li>
        <li><a href="javascript:alert('培养方案');">培养方案</a></li>
    </ul>
</body>
```

上段 DOM 文档对应的树结构如图 10-1 所示。

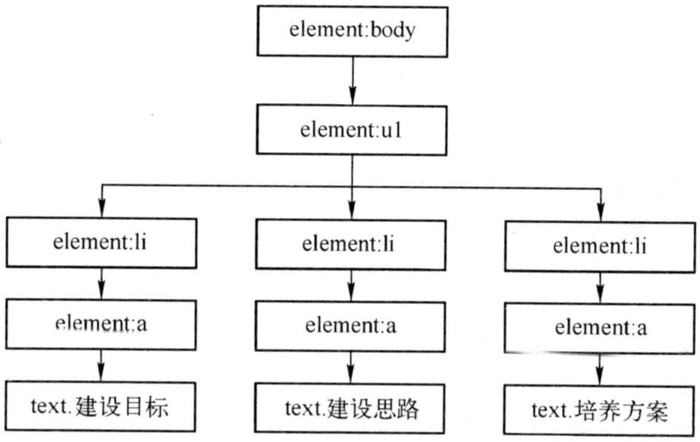

图 10-1　DOM 文档树结构图

10.2.4　注释节点

注释节点是用来说明所用的 XHTML 或者 HTML 是哪个版本，或用来添加注释文本的。

<!DOCTYPE html PUBLIC "-//W3C//DTD XHTML 1.0 Transitional//EN" "http://www.w3.org/TR/xhtml1/DTD/xhtml1-transitional.dtd">这些代码称作 DOCTYPE 声明。DOCTYPE 是 document type（文档类型）的简写，用来说明所用的 XHTML 或者 HTML 是哪个版本。要建立符合标准的网页，DOCTYPE 声明是必不可少的关键组成部分；除非所用 XHTML 确定了一个正确的 DOCTYPE，否则标识和 CSS 都不会生效。

<!--　注释文本　-->表示一段注释。

以上两个例子有个共同的特点就是都带有感叹号“!”，注释节点的节点类型号为 8。

10.2.5　文档节点

文档节点是 HTML 文档的父节点，也是整个 DOM 文档唯一的根节点，它是浏览器的内内置对象 document。最常用的节点类型如表 10-1 所示。

表 10-1　最常用的节点类型

节点类型号	节 点 含 义	节 点 用 途
1	元素节点	可以作为非终端节点，可以有自己的属性节点
2	属性节点	不能成为独立节点，必须从属于元素节点
3	文本节点	可以成为独立的终端节点，没有子节点，没有属性节点
8	注释节点	用来说明所用的 XHTML 或者 HTML 是哪个版本
9	文档节点	它是 HTML 文档的父节点，也是整个 DOM 文档的根节点

【示例 10-1】 页面中不同类型的 DOM 节点。

页面构成代码如下：

```
<!DOCTYPE html PUBLIC "-//W3C//DTD XHTML 1.0 Transitional//EN" "http://www.w3.org/TR/xhtml1/DTD/xhtml1-transitional.dtd">
<html xmlns="http://www.w3.org/1999/xhtml">
<head>
    <title>不同类型的 DOM 节点</title>
    <style>
        ul a{
            background-color:#ddd;
            text-align:center; }
    </style>
</head>
<body>
    <ul id="nav">
        <li><a href="javascript:alert('建设目标');" style="color: Red">建设目标</a></li>
        <li><a href="javascript:alert('建设思路');">建设思路</a></li>
        <li><a href="javascript:alert('培养方案');">培养方案</a></li>
    </ul>
    <span>内容文本</span><!--注释-->
    <div>标题文本</div>
</body>
</html>
```

说明：

页面中元素节点的名称为：html、head、title、style、body、ul、li、a、span、div。如果有脚本，不管 script 在何处定义属于 body 的元素子节点。本页面中 body 的直接子节点有：ul、span、#comment、#text、div 和 script。

顶层 document 节点有#comment 和 HTML。那么 head 节点有哪些子节点相信大家已经清楚了。

10.3 DOM 对象节点及其属性的访问

DOM 对象的访问是操作 DOM 节点的先决条件。使用前面介绍的 getElementById、getElementsByName、getElementsByTagName 可以定位 DOM 节点绝对位置，后面得到的是 DOM 节点的集合，访问其中某个节点必须借助于下标。

DOM 还为访问 DOM 节点的相对位置提供了丰富的方法。

10.3.1 访问父节点

parentNode()方法与 parentElement()方法返回唯一的父节点，父节点不存在时返回 null。这两个方法完全等价，因为只有 Element 节点才能作为父节点。node.parentElement() 返回 node 节点的父节点。DOM 顶层节点是 document 内置对象，document.parentNode()返回 null。

10.3.2 访问子节点

childNodes 属性返回包含文本节点及标签节点的子节点集合，文本节点和属性节点的 childNodes 永远是 null。利用 childNodes.length 可以获得子节点的数目，通过循环与索引查找节点。

firstChild 属性返回第一个子节点。

firstChild 与 childNodes[0] 等价。

lastChild 属性返回最后一个子节点。

lastChild 与 childNodes[childNodes.length-1] 等价。

【示例 10-2】 输出超链接中的文本节点的值（文本）。

代码如下：

```
var anchs;
var doc;
doc=document;
anchs = doc.getElementById("nav").getElementsByTagName("a");
alert(anchs.length);
for (var i = 0; i < anchs.length; i++) {
    var anchs_childNodes = anchs[i].childNodes;
    var count = anchs_childNodes.length;
    for (var j = 0; j < count; j++) {
        var node = anchs_childNodes[j];
        if (node.nodeType == "3"){
          alert(node.nodeValue);
        }
    }
}
```

说明：

使用 doc.getElementById("nav").getElementsByTagName("a"), 而不是 doc.GetElementsByTagName("a")，意义在于缩小查找标记<a>的范围。这是一个在任意节点上查找子节点的例子。

对于有无子节点，本例中通过 childNodes.length 进行判断，也可以使用 hasChildNodes() 方法的返回值判断。

10.3.3 访问兄弟节点

nextSibling 属性返回同级的下一个节点，最后一个节点的 nextSibling 属性为 null。

previousSibling 属性返回同级的上一个节点，第一个节点的 previousSibling 属性为 null。

【示例 10-3】 页面节点的访问。

通过本示例，可以了解页面节点的 DOM 结构，示例以表格的形式显示 DOM 结构中各节点的类型号、名称和值。页面 HTML 代码及其访问节点的 JavaScript 代码如下：

```
<!DOCTYPE html PUBLIC "-//W3C//DTD XHTML 1.0 Transitional//EN" "http://www.w3.org/TR/xhtml1/DTD/xhtml1-transitional.dtd">
```

```
<html xmlns="http://www.w3.org/1999/xhtml">
<head>
    <title>页面节点的访问</title>
    <style>
        td.line4{
            background-color:#ddd;
            text-align:center;
            }
    </style></head>
<body>
    <ul id="nav">
        <li><a href="javascript:alert('建设目标');" style="color: Red">建设目标</a></li>
        <li><a href="javascript:alert('建设思路');">建设思路</a></li>
        <li><a href="javascript:alert('培养方案');">培养方案</a></li>
    </ul>
    <span>内容文本</span><!-- 注释 -->
    <div>标题文本</div>
    文本节点
    <script language="Javascript">
        var doc = document;
        var s = "";
        s = "<table border='1' width='400px'>";
        s+="<tr><td>下标</td><td>nodeType</td><td>nodeName</td><td>nodeValue</td></tr>";
        s += "<tr><td colspan='4' class='line4'>Document 的子对象</td></tr>";
        for (var i = 0; i < doc.childNodes.length; i++) {
            s += node_Info(doc.childNodes, i);
        }
        s += "<tr><td colspan='4' class='line4' >head 的子对象</td></tr>";
        var arr = doc.getElementsByTagName("head")[0].childNodes;    //用于访问 head
        for (var i = 0; i < arr.length; i++) {
            s += node_Info(arr, i);
        }
        s += "<tr><td colspan='4' class='line4'>body 的子对象</td></tr>";
       //var arr = doc.getElementsByTagName("body")[0].childNodes;    //访问 body
        var arr = doc.body.childNodes;                                 //更简捷
        for (var i = 0; i < arr.length; i++) {
            s += node_Info(arr, i);
        }
        s += "</table>";
        doc.getElementsByTagName("div")[0].innerHTML = s;
        function node_Info(arr, i) {                                  //定义函数，便于维护
            node = arr[i];
            var s1 =
            "<tr>" +
            "<td style='width:40px'>" + (i + 1) + "</td>" +
            "<td>" + node.nodeType + "</td>" +
```

```
                "<td>" + node.nodeName + "</td>" +
                "<td>" + node.nodeValue + "</td>" +
                "</tr>";
                return s1;
            }
        </script>
    </body>
</html>
```

代码运行，页面浏览效果如图 10-2 所示。

图 10-2　页面节点的访问

说明：

标记名为<head>的节点虽然只有一个，因为没有 id 属性也没有 name 属性，只有使用 document.getElementsByTagName("head")[0]定位。其中[0]不可少，访问<body>节点与此相似，但它有更简捷的方法：document.body。

定义函数 node_Info 为集合中指定下标的元素输出提供统一的处理，减少代码量，提高了可维护性。大家在此基础上定义函数输出整个集合。

10.4　DOM 对象节点的创建与修改

DOM 树形结构的建立与调整，都可以用 JavaScript 代码对节点的创建与删除进行修改，以取代前面的字符串方式拼接的 HTML 文本，用访问 DOM 节点树中节点对象方式部分替代 HTML 元素对象，更容易实现用 JavaScript 编程操作页面中各个 DOM 对象。

10.4.1 创建节点

通过 document 内置对象（也是 DOM 顶层对象）的方法创建不同类型 DOM 节点对象。针对前面介绍的最常用节点类型，介绍其创建节点的方法。

（1）createElement 方法

createElement("element")方法创建新的元素节点，返回对新节点的对象引用。其中 element 参数为新节点的标记名，例如：

```
var newnode=document.createElement("div");
```

该语句创建了一个标记名为“div”的元素节点。

（2）createTextNode 方法

createTextNode("string")方法，创建新的文本节点，返回对新节点的对象引用。其中 string 参数为新节点的文本名，例如：

```
var newnode= document.createTextNode("hello");
```

该语句创建了一个名为“hello”的文本节点。

（3）createAttribute 方法

createAttribute("name") 方法，创建新的属性节点，返回对新节点的对象引用。其中 name 参数为新节点的属性名，例如：

```
var newnode= document.createAttribute ("href");
```

该语句创建了一个名为“href”的属性节点，属性节点的值可以以节点对象的 value 属性进行设定。例如：

```
newnode.value = "www.baidu.com";
```

属性节点的创建还有一种更加简捷的方法，它是利用 JavaScript 语言的弱类型，直接用赋值的方法产生。

【示例 10-4】 属性节点的创建与属性值的读写。

代码如下：

```
<body>
<script>
    var div = document.createElement("div");
    div.属性名 1 = "属性值 1";
    var s = "";
    s += "属性名 1:" + div.getAttribute("属性名 1") + "<br >";
    div.setAttribute("属性名 1", "属性值 2")
    s += "属性名 1:" + div.getAttribute("属性名 1") + "<br >";
    div.innerHTML = s;
```

```
        div.style.color = "Red";
        //appendChild (newChild)是添加新节点到方法所属节点的尾部
        document.body.appendChild(div);
    </script>
    </body>
```

运行代码，页面浏览效果如图 10-3 所示。

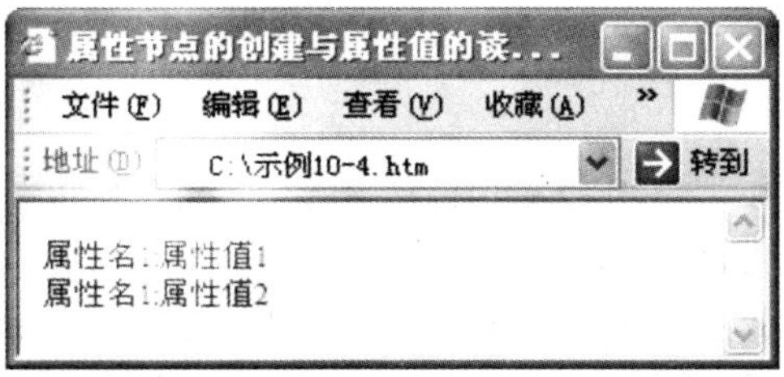

图 10-3　属性节点的创建与属性值的读写

说明：

div.属性名 1 = "属性值 1";该语句创建了名为“属性名 1”属性节点，并设置其值为“属性值 1”；如果属性名是所属对象已有的属性名，则在不用创建属性的情况下去读写该属性的属性值。innerHTML 和 style 就是 div 已有的属性名。

getAttribute 方法、setAttribute 方法可以对方法所属对象指定属性名的属性进行读写操作，不过最简捷的方法是用“节点对象.属性名[=新属性值]”读写属性值。

以上代码可以做如下改写：

```
    var div = document.createElement("div");
    div.属性名 1 = "属性值 1";
    var s = "";
    s += "属性名 1:" + div.属性名 1 + "<br >";
    div.属性名 1 = "属性值 2";
    s += "属性名 1:" + div.属性名 1 + "<br >";
    div.innerHTML = s;
    div.style.color = "Red";
    document.body.appendChild(div);
```

其他类型节点的创建，这里就不再介绍了。

10.4.2　添加节点

创建节点仅仅是在内存中产生节点，该节点放在什么位置，做哪个节点的子节点则无法得知，因此必须要学会添加节点的方法。这些方法是针对已有节点对象的方法，新节点是方法的参数，是已有节点对象的子节点。

（1）appendChild 方法

appendChild (newChild) 方法，添加新节点到方法所属节点的尾部。其中 newChild 参数为新加子节点对象。appendChild 方法适合于元素节点、文本节点等节点的添加，不适合属性节点的添加。

（2）setAttributeNode 方法

setAttributeNode(newChild)方法，添加新属性节点到方法所属节点的属性集合中。例如：上例使用 setAttributeNode 方法添加节点的代码如下：

```
var div = document.createElement("div");
var attr = document.createAttribute ("属性名 1");
attr.value = "属性值 1";
div. setAttributeNode(attr);
```

（3）insertBefore 方法

insertBefore(newElement, targetElement)方法是将新节点 newElement 插入到相对节点 targetElement 的前面，作为方法所属节点的子节点，newElement 与 targetElement 为相邻的兄弟节点，它们的父节点可以通过 targetElement. parentNode 得到，在方法前面加节点对象就显得多余了，有必要定义一个全局方法，减少多余的节点对象指定。

DOM 中没有 insertAfter(newElement, targetElement) 方法来实现将新节点 newElement 插入到相对节点 targetNode 后面。为了编程的方便，加之前面 insertBefore 的改进，为此大家来编写两个函数保存在 global.js 文件中，以供日后调用。其代码如下：

```
function insertBefore(newElement, targetElement) {
    var parent = targetElement.parentNode;
    parent.insertBefore(newElement, targetElement)
}
function insertAfter(newElement, targetElement) {
    var parent = targetElement.parentNode;
    if (parent.lastChild == targetElement) {        //目标节点是最后一个节点
        parent.appendChild(newElement);
    } else {                                        //目标节点不是最后一个节点
        parent.insertBefore(newElement, targetElement.nextSibling);
    }
}
```

【示例 10-5】 添加节点。

示例代码如下：

```
<html xmlns="http://www.w3.org/1999/xhtml">
<head>
    <title>添加节点</title>
    <script src="global.js" type="text/javascript"></script>
</head>
<body>
<script>
    var div1 = document.createElement("div");
    div1.innerHTML = "第 1 个添加的 DIV 节点";
    document.body.appendChild(div1);
    var div ;
    div = document.createElement("div");
```

```
        div.innerHTML = "第 2 个添加的 DIV 节点";
        insertBefore(div, div1);
        div = document.createElement("div");
        div.innerHTML = "第 3 个添加的 DIV 节点";
        insertAfter(div, div1);
    </script>
    </body>
    </html>
```

运行代码，页面浏览效果如图 10-4 所示。

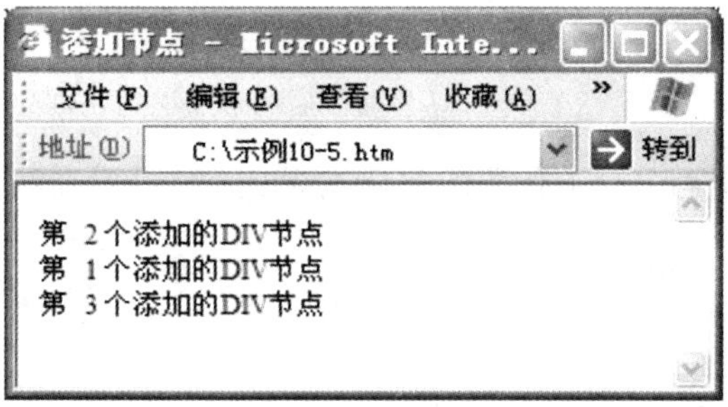

图 10-4　添加节点

10.4.3 删除节点

removeChild(node)方法用于删除节点 node。该方法的所属节点对象是 node 的父节点，与 insertBefore 方法一样，所属节点对象也是多余的，也需要定义一个全局方法 removeNode(node)（加入到 global.js）以实现直接删除指定节点。

removeNode 全局方法定义如下：

```
function removeNode(node) {
    var parent = node.parentNode;
    parent.removeChild(node);
}
```

删除节点的调用如下：

```
removeNode(div1);
```

10.4.4 替换节点

replaceChild(newChild,oldChild)方法是新节点 newChild 替换原节点 oldChild。该方法的所属节点对象是 oldChild 的父节点，与 insertBefore 方法一样，所属节点对象也是多余的，也定义一个全局方法 replaceNode(newChild,oldChild)（加入到 global.js）以实现直接节点替换。replaceNode 全局方法定义如下：

```
function replaceNode(newChild, oldChild) {
    var parent = oldChild.parentNode;
    parent.replaceChild(newChild, oldChild);
```

```
}
```

替换节点的调用如下：

```
replaceNode (div,div1);
```

10.4.5 复制节点

cloneNode(bool)方法复制一个节点，返回复制后的节点引用。bool 参数为布尔值，true/false 表示是/否复制该节点所有子节点。

例如：

```
div = div1.cloneNode(true);              //复制 div1 所有子节点
insertAfter(div, div1);                  //将复制后的节点加到 div1 之后
```

【示例 10-5 练习】 请写出以下代码的显示结果。

```
<html xmlns="http://www.w3.org/1999/xhtml">
<head>
    <title>节点的增删改复</title>
    <script src="global.js" type="text/javascript"></script>
</head>
<body>
    <div>1</div>
    <div>2</div>
    <div>3</div>
    <div>4</div>
    <script>
        var divs ;
        divs = document.body.getElementsByTagName("div");
        removeNode(divs[1]);
        divs = document.body.getElementsByTagName("div");
        var div = divs[divs.length-1].cloneNode(true);
        insertBefore(div, divs[1]);
        divs = document.body.getElementsByTagName("div");
        div = document.createElement("div");
        div.innerHTML = "5";
        replaceNode(div, divs[0]);
    </script>
</body>
</html>
```

10.5 DOM 节点对象的事件处理

前面已经讲述 HTML 元素有哪些事件以及如何为 HTML 元素指派事件的 3 种方法，尤其是用代码指派事件，对 DOM 节点对象的事件处理只能用代码实现。

【示例 10-6】 DOM 节点对象的鼠标事件。

动态创建与添加 p 节点，并设置这些节点在鼠标移入时前景色变红色，背景色为黑色，鼠标移出时恢复原状。为此，先定义一个样式类 over，在鼠标移入时使用样式类 red; 鼠标移出时去除样式类 red。

页面及其代码如下：

```
<head>
    <title>DOM 对象节点的事件处理</title>
        <style>
        .over { color:white;background-color:Black; }
        p{padding:5px;
           margin:1px;
           background-color:#FF9;
           border:1px solid #093;}
        </style>
</head>
<body>
<script>
    for (var i = 0; i < 5; i++) {
        var p = document.createElement("p");
        p.oldClassName = p.className;
        p.onmouseover = function () {
            this.className = "over";
        }
        p.onmouseout = function () {
            this.className = this.oldClassName;
        }
        var text = document.createTextNode("行内元素" + i);
        p.appendChild(text);
        document.body.appendChild(p);
    }
</script>
</body>
```

运行代码，页面浏览效果如图 10-5 所示。

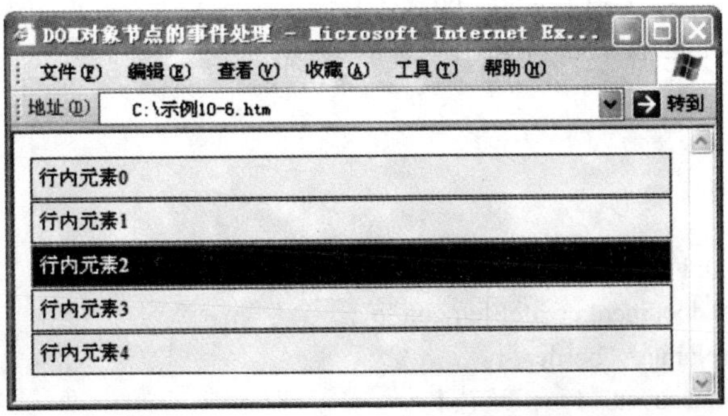

图 10-5 DOM 对象节点的事件处理

说明：

利用 JavaScript 的弱类型特点，通过 p.oldClassName = p.className;语句将 span 原来的样式设置保存在新的成员变量 p.oldClassName 中，这个成员变量是属于某个 p 对象。对象成员变量的作用域局限在所属对象内，所属对象存在则对象成员变量就存在，访问到所属对象就能访问到对象的成员变量。

本例中由于每个新创建的 p 对象从未设置过 className 属性，因此，该属性值为空串。这样就不需要用成员变量 oldClassName 保存每个 p 对象的原来样式状态。以上脚本本可以做如下简化：

```
for (var i = 0; i < 5; i++) {
    var p = document.createElement("p");
    p.onmouseover = function () {
        this.className = "over";
    }
    p.onmouseout = function () {
        this.className = "";            //原来的样式名为空串
    }
    var text = document.createTextNode("行内元素" + i);
    p.appendChild(text);
    document.body.appendChild(p);
}
```

以上代码虽然代码量只少一行，但却节省了大量成员变量所占空间。

如果不是样式替换，而是样式的添加与移除，这时可以在不破坏原有样式的基础上实现样式的变化。下面示例完成了这个要求。

【示例 10-7】 样式的添加与移除。要求鼠标在移入或移出的情况下都要保留一个边框，移入时字体加粗。

代码如下：

```
<html xmlns="http://www.w3.org/1999/xhtml">
<head>
    <title>样式的添加与移除</title>
    <style>
        .over { color:white;background-color:Black;font-weight:bold; }
        .border { border:1px solid #093; }
        p{padding:5px;margin:5px;}
    </style>
</head>
<body>
<script>
    for (var i = 0; i < 5; i++) {
        var p = document.createElement("p");
        p.className = "border ";
        p.onmouseover = function () {
            this.className = "border over ";
```

```
            }
            p.onmouseout = function () {
                this.className = "border ";
            }
            var text = document.createTextNode("行内元素" + i);
            p.appendChild(text);
            document.body.appendChild(p);
        }
</script>
</body>
</html>
```

运行代码，页面浏览效果如图 10-6 所示。

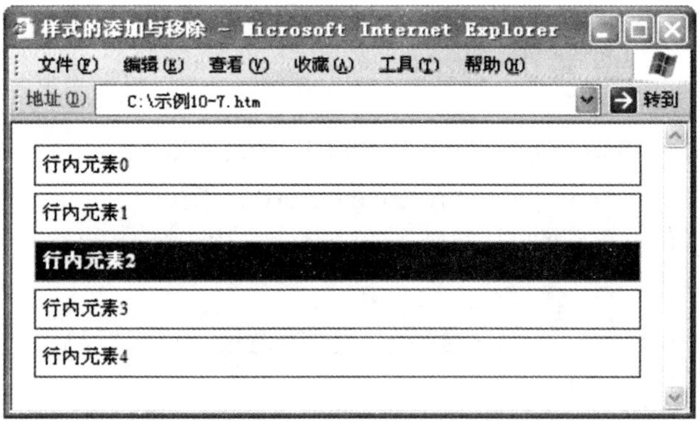

图 10-6　样式的添加与移除

说明：

本示例在鼠标移入或移出时，p 对象的 className 属性值在“border over”与“border”之间切换。

本示例事先知道 p 对象在鼠标移入前的 className 值为“border”，如果在不知情的情况下，就不能用上面的方法了。考虑到添加和移除属性的通用性，将这两个操作定义为全局方法，添加到前面提到的 global.js 文件中。下面是这两个全局方法的代码：

```
//添加样式
function addClass(element, value) {
    if (!element.className) {
        element.className = value+" ";
    } else {
        var newClassName = element.className;
        newClassName += " ";
        newClassName += value;
        element.className = newClassName;
    }
}
//移除样式
function removeClass(element, value) {
```

```
        if (!element.className) {
            return;
        } else {
            var newClassName = element.className;
            if (newClassName.indexOf(value+" ") == 0) {
                newClassName = newClassName.replace(value + " ", "");
            }else if(newClassName.indexOf(value) == 0){
                newClassName = newClassName.replace(value, "");
            }
            else{
                newClassName = newClassName.replace(" " + value, "");
            }
            element.className = newClassName;
        }
    }
```

调用以上代码添加样式将：

- this.className = "border over ";改为 addClass(this, "over");
- this.className = "border ";改为 removeClass(this, "over");

以上的样式设置不涉及原来的样式，只与添加或移出的样式有关，使方法的通用性大大增强了。

addClass 和 removeClass 方法将多个样式类用空格隔开，最后一个样式类没有空格，这给方法的编写带来了一定的复杂度。

10.6 实例：表格美化的设计

10.6.1 学习目标

1）掌握 CSS 样式表的创建。

2）掌握 DOM 元素的样式设置。

10.6.2 实例介绍

本实例对 table 对象及其下属对象进行样式设置，使表头行与表体行有区别，表体行的奇数行、偶数行和鼠标移入行的背景色有区别。任务实现的结果如图 10-7 所示。

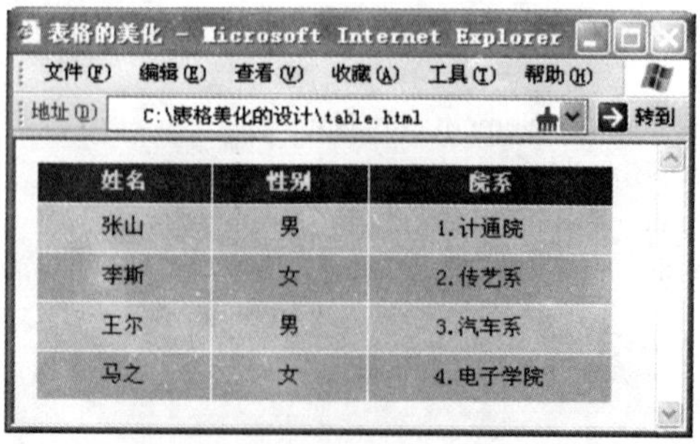

姓名	性别	院系
张山	男	1.计通院
李斯	女	2.传艺系
王尔	男	3.汽车系
马之	女	4.电子学院

图 10-7　表格美化的运行界面

本实例的重点是对 DOM 元素的样式设置，设置方式有使用样式表设置和 JavaScript 代码指派鼠标移入和鼠标移出事件处理函数，实现对表格数据行样式的修改。

本实例中对样式的设置采用了多个样式文件，每个样式文件负责某个方面样式，如颜色类、布局类和排版类等，再用“@import url(样式文件);”将多个样式文件导入一个样式文件中。

10.6.3 实施过程

表格美化的设计共分表格数据结构的建立、样式表文件的建立和 JavaScript 事件处理文件的建立 3 个方面。

本实例从静态页面设计对 3 个方面进行设计，设计步骤分别如下。

第一步：HTML 设计提供页面元素；

第二步：CSS 设计布局与美化页面元素；

第三步：JavaScript 设计处理页面元素的事件。

当然，前面的两步也可以用 JavaScript 完成，像从服务端接收的数据用 JavaScript 脚本构造 DOM 对象子树、设置 DOM 对象的 style 及其下属属性最后添加到 DOM 容器父对象中。

1．表格数据结构的建立

本任务的 HTML 页面结构代码如下：

```
<html>
<head>
    <title >表格的美化</title>
</head>
<body>
    <table cellspacing="1px">
        <thead>
            <tr > <th>姓名</th> <th>性别</th> <th>院系</th> </tr>
        </thead>
        <tbody>
        <tr>
           <td>张山</td>   <td>男</td>   <td>1.<a title="计算机与通信工程学院">计通院</a></td>
        </tr>
        <tr>
            <td>李斯</td>   <td>女</td>   <td>2.<a title="传媒与艺术系">传艺系</a></td>
        </tr>
        <tr>
            <td>王尔</td>   <td>男</td>   <td>3.<a title="汽车工程系">汽车系</a></td>
        </tr>
        <tr>
            <td>马之</td>   <td>女</td>   <td>4.<a title="电子工程学院">电子学院</a></td>
        </tr>
        </tbody>
    </table>
```

```
</body>
</html>
```

运行代码，页面浏览效果如图 10-8 所示。

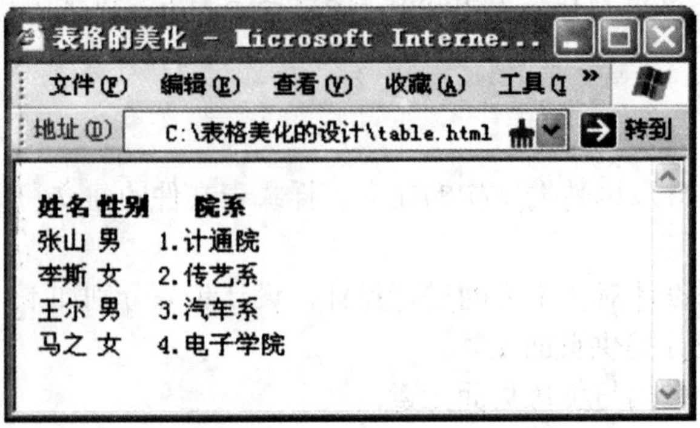

图 10-8　美化前的表格

2．样式文件的建立

为了提高样式表的可维护性，本任务中对样式的设置采用了多个样式文件，每个样式文件负责某个方面样式，如颜色类（color.css）、布局类（layout.css）和排版类（typography.css）等，它再用“@import url(样式文件);”将多个样式文件导入一个样式文件 basic.css 中。

basic.css 文件的内容如下：

```
@import url(color.css);
@import url(layout.css);
@import url(typography.css);
```

颜色类样式文件 color.css 代码如下：

```
body { color: #fb5; background-color:#EFE;}
th {                              /*表头样式*/
  color: #edc;
  background-color: #455;}
tr td { color: #223;
  background-color: #eb6;}
tr.odd td {                       /*奇数行样式*/
  color: #223;
  background-color: #ec8;}
tr.highlight td {                 /*移入行样式*/
  color: #223;
  background-color: #cba;}
```

布局类样式文件 layout.css 代码如下：

```
* {padding: 0; margin: 0;}
body {margin: 1em;
  background-image: url(../images/background.gif);
  background-attachment: fixed;
```

```
    background-position: top left;
    background-repeat: repeat-x;
    max-width: 80em;}
tr{height:24px;}
td {padding: .5em 3em;}
```

排版类样式文件 typography.css 代码如下：

```
body {font-size: 100%; font-family: "宋体","黑体";}
body * {font-size: 1em;}
```

3．事件处理文件的建立

实现条纹表格行样式设置的函数与移入或移出行的样式设置函数的脚本页面 global.js 的代码如下：

```
//添加样式
function addClass(element, value) {
    if (!element.className) {
        element.className = value+" ";
    } else {
        var newClassName = element.className;
        newClassName += " ";
        newClassName += value;
        element.className = newClassName;
    }
}
//条纹表格行的样式设置
function stripeTables() {
    if (!document.getElementsByTagName) return false;
    var tables = document.getElementsByTagName("table");
    for (var i = 0; i < tables.length; i++) {
        var odd = false;
        var rows = tables[i].getElementsByTagName("tr");
        for (var j = 0; j < rows.length; j++) {
            if (odd == true) {
                addClass(rows[j], "odd");
                odd = false;
            } else {
                odd = true;
            }
        }
    }
}
//移入或移出行的样式设置
function highlightRows() {
    if (!document.getElementsByTagName) return false;
    var rows = document.getElementsByTagName("tr");
    for (var i = 0; i < rows.length; i++) {
```

```
                rows[i].oldClassName = rows[i].className
                rows[i].onmouseover = function () {
                    addClass(this, "highlight");
                }
                rows[i].onmouseout = function () {
                    this.className = this.oldClassName
                }
            }
        }
```

说明：

在 color.css 和 layout.css 都有对<body>标记样式类的定义，它们之间的关系是合并不同样式设置与覆盖相同样式设置。

stripeTables 函数适合多个 table。其中使用了 global.js 中的定义的 addClass 函数改变新行的样式设置。

4．加载 CSS 与 JavaScript 页面内容

在<head>标记中导入外部样式表（styles/basic.css）与外部脚本文件（script/global.js）：.

```
<link href="styles/basic.css" rel="stylesheet" type="text/css" />
<script src="script/global.js"></script>
```

在<table></table>标记之后加入“条纹表格行的样式设置函数 stripeTables”和“移入或移出行的样式设置函数 highlightRows”的调用：

```
<script>
    stripeTables();
    highlightRows();
</script>
```

运行代码，页面浏览效果如图 10-7 所示。

10.6.4 实例拓展

1．用户自定义对象

考察本任务中的<table>标记中涉及的数据，思考一下如何用 JavaScript 组织与读取这些数据，一种方法是用 XML 数据，另一种方法是用 JSON（JavaScript Object Notation）数据。

表格数据由表头（header）和表体（body）两部分组成，表体部分的数据用数组表示。

（1）自定义对象的定义

```
var data =
{
body:[
[ "姓名","性别","院系"],
["张山","男", "计通院"],
["李斯","女", "传艺系"],
```

```
        ["王尔","男", "汽车系"],
        ["马之","女", "电子学院"]
        ]
        };
```

（2）自定义对象及其成员的访问

访问 data 中 body 用 data.body,

访问“李斯”用 data.body[1][0],

访问“传艺系”用 data.body[1][2]。

（3）自定义对象应用实例

```
//读取 JSON 对象，创建 table 节点
function createTable() {
        var doc = document;
        var table = document.createElement("table");
        table.border = "1px";
        var tr = document.createElement("tr");
        var tbody = document.createElement("tbody");
        table.appendChild(tr);
        //建表
        for (var i = 0; i < data.body.length; i++) {
            //建立表行
            var tr= document.createElement("tr");
            for (var j = 0; j < data.body[i].length; j++) {
                var td = document.createElement("td");
                var text = document.createTextNode(data.body[i][j]);
                td.appendChild(text);
                tr.appendChild(td);
            }
            tbody.appendChild(tr);
            table.appendChild(tbody);
        }
        document.body.appendChild(table);
}
createTable();
```

10.7 习题

1）在节点<body>下添加一个<div>，正确的语句为（　　）。

A．var div1 = document.createElement("div");document.body.appendChild(div1);

B．var div1 = document.createElement("div");document.body.deleteChild(div1);

C．var div1 = document.createElement("div");document.body.removeChild(div1);

D．var div1 = document.createElement("div");document.body.replaceChild(div1);

2）在某页面中有一个 10 行 3 列的表格，表格的 id 为 Ptable，（　　）语句能够删除最后一行。

A．document.getElementById("Ptable").deleteRow(10);

B．var delrow=document.getElementById("Ptable").lastChild;
delrow.parentNode.removeChild(delrow);

C．var index=document.getElementById("Ptable").rows.length;
document.getElementById("Ptable").deleteRow(index);

D．var index=document.getElementById("Ptable").rows.length-1;
document.getElementById("Ptable").deleteRow(index);

3）某页面中有一个 1 行 2 列的表格，其中表格行<tr>的 id 为 r1，（　　）语句能在表格中增加一列，并且将这一列显示在最前面。

A．document.getElementById("r1").Cells(1);

B．document.getElementById("r1").Cells(0);

C．document.getElementById("r1").insertCell(0);

D．document.getElementById("r1").insertCell(1);

4）某页面中有一个 id 为 main 的 div，div 中有两个图片及一个文本框，（　　）语句能够完整地复制节点<main>及<div>中所有内容。

A．document.getElementById("main").cloneNode(true);

B．document.getElementById("main").cloneNode(false);

C．document.getElementById("main").cloneNode();

D．main.cloneNode();

第 11 章　JavaScript 综合应用实例

11.1　综合实例 1：下拉菜单的设计

11.1.1　学习目标

1）掌握 HTML、CSS 与 JavaScript 的综合使用。

2）掌握 DIV+CSS 的布局技巧。

11.1.2　实例介绍

本实例需要完成的下拉菜单的组织结构如表 11-1 所示。

表 11-1　下拉菜单的组织结构

一级菜单	首页	专业建设	师资队伍	教学条件	改革建设
二级菜单		建设目标	负责人	经费投入	课程改革
		建设思路	队伍结构	实践教学	教材改革
		培养方案	任课教师	教材改革	
			教学管理		
			合作办学		

本实例的下拉菜单效果如图 11-1 所示。

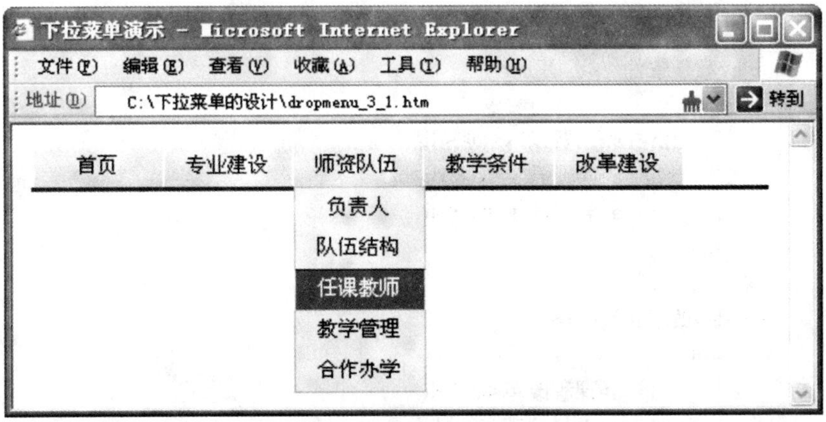

图 11-1　下拉菜单页面效果

本实例的设计思路如下。

第一步：使用 HTML 标记构建下拉菜单所需的树型结构数据。

第二步：从上到下，分步定义不同层次 HTML 标记 CSS 的样式实现 HTML 标记的布局与美化。这一步基本上实现了下拉菜单。

第三步：编写 JavaScript 脚本，动态设置 HTML 标记 CSS 的样式。

11.1.3 实施过程

1．下拉菜单的 HTML 结构

开始已经介绍，下拉菜单是由具有树形结构的数据构成，本任务使用两个不同级别的列表标记实现下拉菜单的数据存储，列表项的内容（innerHTML 属性）是超链接。使用 HTML 对象 ul、li 的嵌套来组织菜单数据。

按下拉菜单的 HTML 列表结构定义代码如下：

```
<ul>
    <li><a>首页</a>
    </li>
    <li><a>专业建设</a>
        <ul>
            <li><a>建设目标</a></li>
            <li><a>建设思路</a></li>
            <li><a>培养方案</a></li>
        </ul>
    </li>
    <li><a>师资队伍</a>
        <ul>
            <li><a>负责人</a></li>
            <li><a>队伍结构</a></li>
            <li><a>任课教师</a></li>
            <li><a>教学管理</a></li>
            <li><a>合作办学</a></li>
        </ul>
    </li>
  <li><a>教学条件</a>
        <ul>
            <li><a>经费投入</a></li>
            <li><a>实践教学</a></li>
            <li><a>教材改革</a></li>
        </ul>
    </li>
    <li><a>改革建设</a>
        <ul>
            <li><a>课程改革</a></li>
            <li><a>教材改革</a></li>
        </ul>
    </li>
</ul>
```

将上面的 HTML 组织加入到文档主体<body>元素中，浏览页面，效果如图 11-2 所示。

2．样式设计

（1）设置总体样式，改变字体及行间距

```
body{
    font-family: "宋体";
    font-size: 12px;
    line-height: 1.5em;}
```

添加样式后，浏览页面，结果如图 11-3 所示。

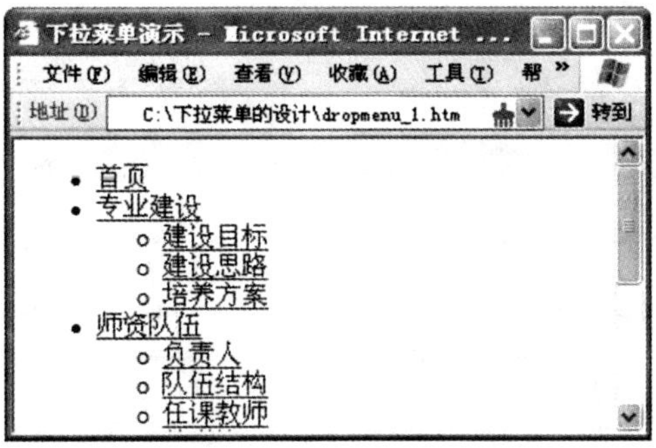

图 11-2　下拉菜单的 HTML 结构效果

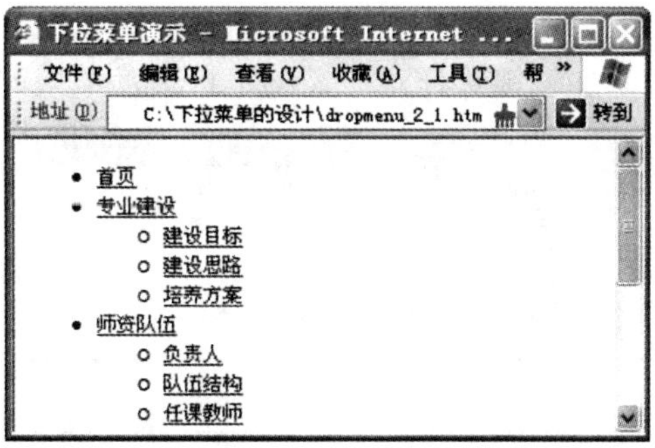

图 11-3　设置总体样式与字体行距后的效果

（2）设置顶层 ul 与 li 的样式

为区别第二层 ul，给顶层 ul 设置 id 为 menu。顶层 ul 与 li 的样式设置如下：

```
#menu ul{
    list-style: none;
    margin: 0px;
    padding: 0px;
}
#menu ul li{
    float: left;
    margin-left: 1px;
}
```

对<ul>和<li>标记添加样式后，浏览页面，结果如图 11-4 所示。

图 11-4　顶层 ul 与 li 的样式

（3）设置超链接样式

因样式的继承特性，外层设置对内层有影响：

```
a{ color: #000; text-decoration: none;}
a:hover{ color: #F00;}
#menu ul li a{
    display: block;
    width: 87px;
    height: 28px;
    line-height: 28px;
    text-align: center;
    background: url(images/ bg2.jpg) 0 0 repeat-x;
    font-size: 14px;
}
```

添加超链接样式后，浏览页面，结果如图 11-5 所示。

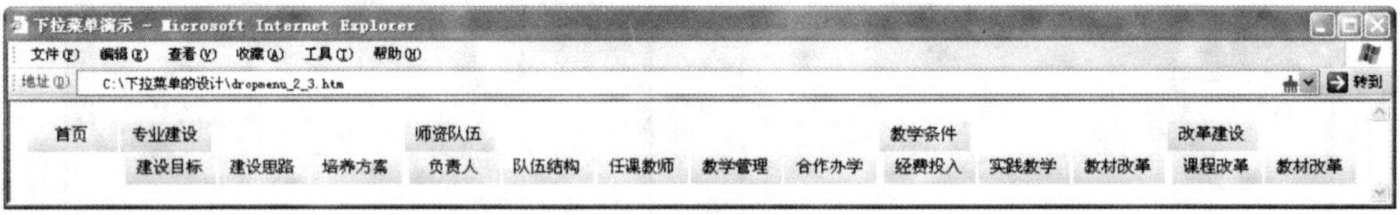

图 11-5　添加超链接后的样式

（4）设置第二层 ul 样式

设置 display: none;使得嵌套的第二层列表 ul 不可见，为了美观，设置 div 下边框使其达到在第一层菜单下添加一条红色粗线条的目的。

```
#menu ul li ul{
    border: 1px solid #ccc;
    display: none;
    position: absolute;
}
#menu{
    width: 500px;
    height: 28px;
    margin: 0 auto;
    border-bottom: 3px solid #E10001;
}
```

设置第二层 ul 样式后，浏览页面，结果如图 11-6 所示。

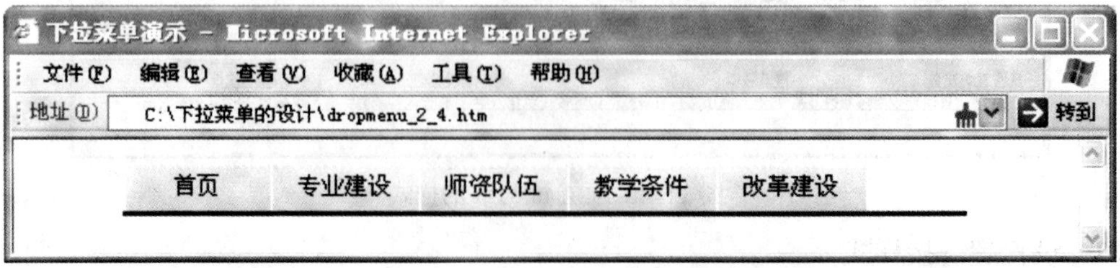

图 11-6　第二层 ul 不可见并在第一层菜单下添加红色粗线条样式

（5）设置第一层 li: hover 及其下属的 ul、li 样式

```
#menu ul li:hover ul{
    display: block;
}
#menu ul li ul li{
    float: none;
    width: 87px;
    background: #eee;
    margin: 0;
}
```

这里样式设置和下一步的样式设置，对目前输出无影响。

（6）设置第二层的超链接样式

```
#menu ul li ul li a { background: none;}
#menu ul li ul li a:hover{ background: #333; color: #fff;}
```

为鼠标移入时显示二级菜单和移出时隐藏二级菜单，定义#menu ul li 类型元素的样式类 sfhover，在#menu ul li 类型元素上添加 sfhover 样式类则显示二级菜单，移除时则隐藏二级菜单。

```
#menu ul li.sfhover ul{ display: block;}
```

3. 编写 JavaScript 脚本

编写 JavaScript 脚本使得每个第一级 li 在鼠标移入或移出时添加或移除 sfhover 样式类。

```
<script type="text/javascript">
    function windowLoad() {
        var lis = document.getElementById("menu").getElementsByTagName("li");
        for (var i = 0; i < lis.length; i++) {
            lis [i].onmouseover = function () {
                this.className += (this.className.length > 0 ? " " : "") + "sfhover";
            }
            lis [i].onmouseout = function () {
                this.className = this.className.replace("sfhover", " ");
            }
        }
    }
    window.onload = windowLoad;     //窗口加载成功后执行 windowLoad 函数
</script>
```

添加 JavaScript 脚本后，页面浏览效果如图 11-1 所示。

说明：

全局语句 window.onload = windowLoad;为窗口加载事件成功指派了 windowLoad 处理函数。

使用循环结构为多个 li 元素指派事件处理函数，编程效率比较高。

11.1.4 实例拓展

设置最近被单击过的超链接外观属性

记忆上次被单击过的超链接为深红色粗体样式。为此先定义一个样式类如下：

```
.clicked {
  color: #C00;font-weight:bold;
}
```

编写 JavaScript 脚本使得 clicked 样式类只用于刚刚单击过的超链接，以前被单击的超链接不使用 clicked 样式类。

在 windowLoad 函数中 for 语句后添加以下代码：

```
var anchors = document.getElementsByTagName("a");
for (var i = 0; i < anchors.length; i++) {
    anchors[i].onmouseup = function () {
        //清除所有超链接的 clicked 样式类
        for (var j = 0; j < anchors.length; j++) {
            anchors[j].className = anchors[j].className.replace("clicked", "");
        }
        //设置当前超链接的 clicked 样式类
        this.className += (this.className.length > 0 ? " " : "") + "clicked";
    }
}
```

上面这段代码将所有的超链接对象遍历了一遍，效率不高，可以使用一个全局变量保存上次单击过的超链接对象，避免遍历过程，提高执行效率。改进代码如下。

1）定义全局变量，保存上次点击的超链接对象，代码如下：

```
var prevlink = null;
```

2）修改对于超链接的 for 语句，代码如下：

```
var anchors = document.getElementsByTagName("a");
for (var i = 0; i < anchors.length; i++) {
    anchors[i].onmouseup = function () {
        //清除所有超链接的 clicked 样式类
        for (var j = 0; j < anchors.length; j++) {
            anchors[j].className = anchors[j].className.replace("clicked", "");
        }
        //设置当前超链接的 clicked 样式类
        this.className += (this.className.length > 0 ? " " : "") + "clicked";
    }
}
```

11.2 综合实例 2：JavaScript 在线测试系统设计

11.2.1 学习目标

1）掌握 document 常用对象的应用。

2）掌握 JavaScript 数组的应用。

11.2.2　实例介绍

本实例需要完成在线测试答题，完成后单击“交答卷”按钮进入出评分和正确答案页面。任务实现的结果如图 11-7 所示。

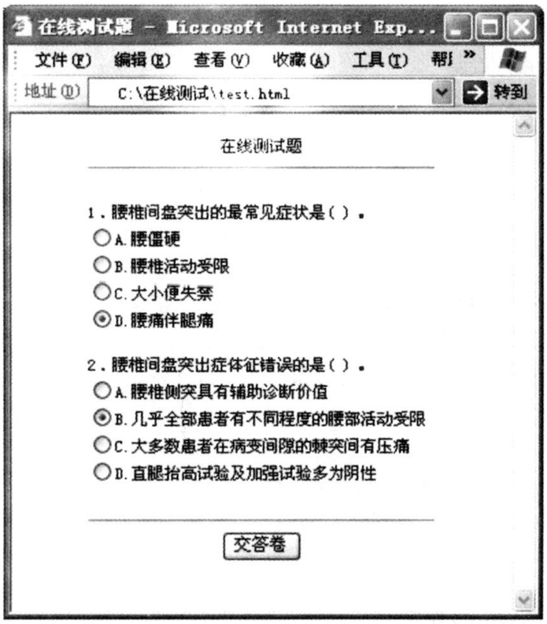

图 11-7　在线测试答题页面

本实例从两个方面进行设计，设计步骤分别如下。

第一步：使用 HTML 标记构建<form>表单提供页面元素。

第二步：编写 JavaScript 脚本，实现提交答卷后给出评分和标准答案。

11.2.3　实施过程

1．使用 HTML 标记构建<form>表单提供页面元素

本任务的 HTML 页面结构中表单构建的核心代码如下：

```
<form>
    1. 腰椎间盘突出的最常见症状是(   ) 。<br>
    <input type="radio" name="q1" value="0">A.腰僵硬<br>
    <input type="radio" name="q1" value="0">B.腰椎活动受限<br>
    <input type="radio" name="q1" value="0">C.大小便失禁<br>
    <input type="radio" name="q1" value="1">D.腰痛伴腿痛<br>
</form>
<form>
    2. 腰椎间盘突出症体征错误的是(   ) 。<br>
    <input type="radio" name="q1" value="0">A.腰椎侧突具有辅助诊断价值<br>
    <input type="radio" name="q1" value="0">B.几乎全部患者有不同程度的腰部活动受限<br>
```

```
  <input type="radio" name="q1" value="0">C.大多数患者在病变间隙的棘突间有压痛<br>
  <input type="radio" name="q1" value="1">D.直腿抬高试验及加强试验多为阴性<br><br>
</form>
<form>
  <input type="button" name="Submit" value="交答卷"   onClick="Grade()">
</form>
```

运行代码，页面浏览效果如图 11-7 所示。

2．编写 JavaScript 脚本

实现提交答卷后给出评分和标准答案的 JavaScript 代码如下：

```
<script language="javascript">
var Total_test = 2;   // 修改这里与题目数量一致
var msg = ""
// 正确答案
var Solution = new Array(Total_test);
Solution[0] = "D.腰痛伴腿痛";
Solution[1] = "D.直腿抬高试验及加强试验多为阴性";
function GetSelectedButton(ButtonGroup)
{
  for (var x=0; x < ButtonGroup.length; x++)
    if (ButtonGroup[x].checked) return x;
  return 0;
}
function ReportScore(correct)
{
  var SecWin =window.open("","scorewin","scrollbars,width=300,height=220");
  var MustHave1 = "<html><head><title>测验成绩报告</title></head>";
  var totalgrade=Math.round(correct/Total_test*100);
  var Percent = "<h2>测验成绩 ："+totalgrade+"分</h2><hr>";
  lastscore=Math.round(correct/Total_test*100);
  if (lastscore == "100"){
  msg = MustHave1 +Percent + "<font color='red'>恭喜，全部答对了！</font><p>" + msg  +
"<input type='button' value='关闭'onclick=javascript:window.close()></body></html>"}
  else {
  msg = MustHave1 +Percent + "<font color='red'>正确答案：</font><p>"+msg+ "<input
type='button' value='关闭' onclick=javascript:window.close()></body></html>";
}
  SecWin.document.write(msg);
  msg = "";   //清空 msg
}
function Grade()
{
  var correct=0;
  var wrong=0;
  for (number=0; number < Total_test; number++)
    {
```

```
        var form = document.forms[number];          // 测试题
        var i = GetSelectedButton(form.q1)
        if (form.q1[i].value == "1")
          { correct++; }
       else
          { wrong++;
            msg += "测试题 "+(number+1)+"."+Solution[number]+"<br>";
          }
      }
      ReportScore(correct);
  }
  </script>
```

单击图 11-7 中的“交答卷”按钮运行代码，页面浏览效果如图 11-8 所示。

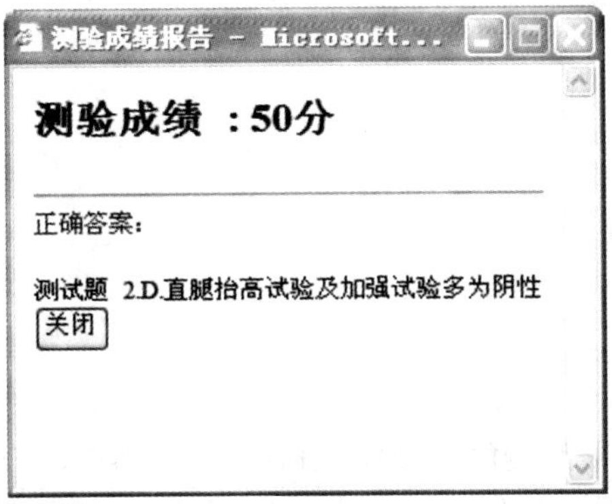

图 11-8　评分和正确答案窗口

11.2.4　实例拓展

1．针对题目增加的方法

如果题目增加，只需要修改题目总数变量 Total_test 等于题目数，然后再在正确答案中给 Solution 数组赋值即可。

例如在第 2 题后增加第 3 题：

```
<form>
3．题目描述……(  ) 。<br>
<input type="radio" name="q1" value="0">A.选项 1 描述……<br>
<input type="radio" name="q1" value="0">B.选项 2 描述……<br>
<input type="radio" name="q1" value="1">C.选项 3 描述……<br>
<input type="radio" name="q1" value="0">D.选项 4 描述……<br>
</form>
```

注意：应将正确选项的 value 值设置为 1。例如第 3 题，将 C 选项的值赋为 1。

2．放置复制与屏蔽鼠标右键

在本例中，如果用户单击鼠标右键查看了源代码，那么通过浏览选项的值（寻找

value="1"），即可找到每个题目的正确答案。为此，可以采用彻底屏蔽鼠标右键的方式来解决这一问题。

在代码中加入如下代码可以实现鼠标右键的屏蔽，其他解决方式可以网络搜索，自己学习。

```
function click(){
 if(event.button==2){
  alert( '右键被屏蔽 !!');
 }
}
document.onmousedown=click
```

11.3 综合实例 3：JavaScript 在线脚本编辑器设计

11.3.1 学习目标

1）掌握 CSS 样式表的创建。

2）掌握 DOM 对象的应用。

3）掌握 JavaScript 基础知识的运用。

11.3.2 实例介绍

本实例主要完成在虚拟平台橙色区域中直接编写 HTML、CSS 或 JavaScript 代码，单击“运行代码”“复制代码”“保存代码”按钮即可完成相应的代码运行、代码复制与代码保存等功能，如图 11-9 所示。

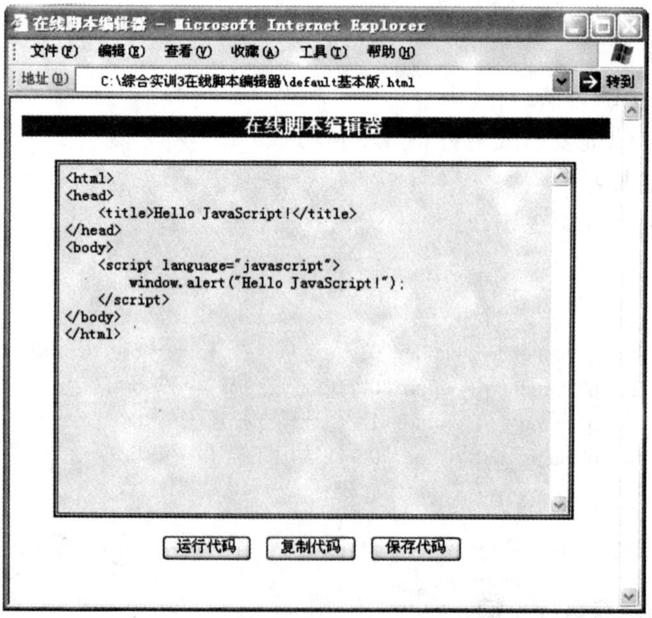

图 11-9　JavaScript 在线脚本编辑器效果

本实例从 3 个方面进行设计，设计步骤如下。

第一步：使用 HTML 标记构建页面表格元素和基本样式。

第二步：CSS 样式表设计布局与美化页面元素。

第三步：编写 JavaScript 文件，处理页面元素的事件。

11.3.3 实施过程

1．使用 HTML 标记构建基本页面

本任务的 HTML 页面结构代码如下：

```
<form name="myform">
    <center>
    在线脚本编辑器<br>
    <textarea name="runcode" cols="60" rows="20" id="runcode0"></textarea><br>
    <input id="0"  type="button" value="运行代码" onclick="runCode(this.id)" /> 
    <input id="0"  type="button" value="复制代码" onclick="doCopy(this.id)" /> 
    <input id="0"  type="button" value="保存代码" onclick="saveCode(runcode0)" />
    </center>
</form>
```

2．CSS 样式文件的建立

本实例中对页面元素样式进行设置，代码如下：

```
<style type="text/css">
h2{  background-color:#FF3300;
     color:#FFF;}
#runcode0{
     background-color: #FFF59B;
     border: 4px double #FF3300;
     padding: 5px;}
}
</style>
```

3．JavaScript 事件处理文件的建立

实现“运行代码”“复制代码”“保存代码”事件处理设置函数的脚本文件 cp.js 的代码如下：

```
//获取一个对象
function getByid(id) {
    if (document.getElementById) {
        return document.getElementById(id);
    } else if (document.all) {
        return document.all[id];
    } else if (document.layers) {
        return document.layers[id];
    } else {
        return null;
```

```
        }
    }
    //运行框操作
    function creatID(DivID){
    var objs=getByid(DivID).getElementsByTagName('textarea');
    var inps=getByid(DivID).getElementsByTagName('input');
    var buts=getByid(DivID).getElementsByTagName('button');
    var labs=getByid(DivID).getElementsByTagName('label');
        for (i=0; i<objs.length; i++) {
            objs[i].id="runcode"+i;
            inps[i].id=I;
            buts[i].id=i;
            labs[i].id=i;
        }
    }
    function runCode(obj){                              //定义一个运行代码的函数
          var code=getByid("runcode"+obj).value;        //即要运行的代码
          var newwin=window.open('','','');             //打开一个窗口并赋给变量 newwin
          newwin.opener = null;                         //防止代码对页面修改
          newwin.document.write(code);    //向这个打开的窗口中写入代码 code，这样实现了运行代
码功能
          newwin.document.close();
    }
    //复制代码
    function doCopy(obj) {
        if (document.all){
              textRange = getByid("runcode"+obj).createTextRange();
              textRange.execCommand("Copy");
              alert("代码已经复制到剪贴板");
        }else{
              alert("此功能只能在 IE 上有效\n\n 请在文本域中用 Ctrl+A 选择再复制");
        }
    }
    //另存代码
    function saveCode(obj) {
          var winname = window.open('','','width=0,height=0,top=200,left=200px');
          winname.document.open('text/html', 'replace');
          winname.document.write(obj.value);
          winname.document.execCommand('saveas','','在线脚本编辑器.html');
          winname.close();
    }
```

11.3.4 实例拓展

3 个按钮可以使用图片按钮，代码如下：

```
<input id=0  type="image" onClick=runCode(this.id) src="images/tp1.jpg" >
```

```
<input id=0    type="image" onClick=doCopy(this.id) src="images/tp2.jpg" >
<input id=0    type="image" onClick=saveCode(runcode0) src="images/tp3.jpg" >
```

使用 CSS 样式表与表格结合布局设计界面后，页面效果如图 11-10 所示。

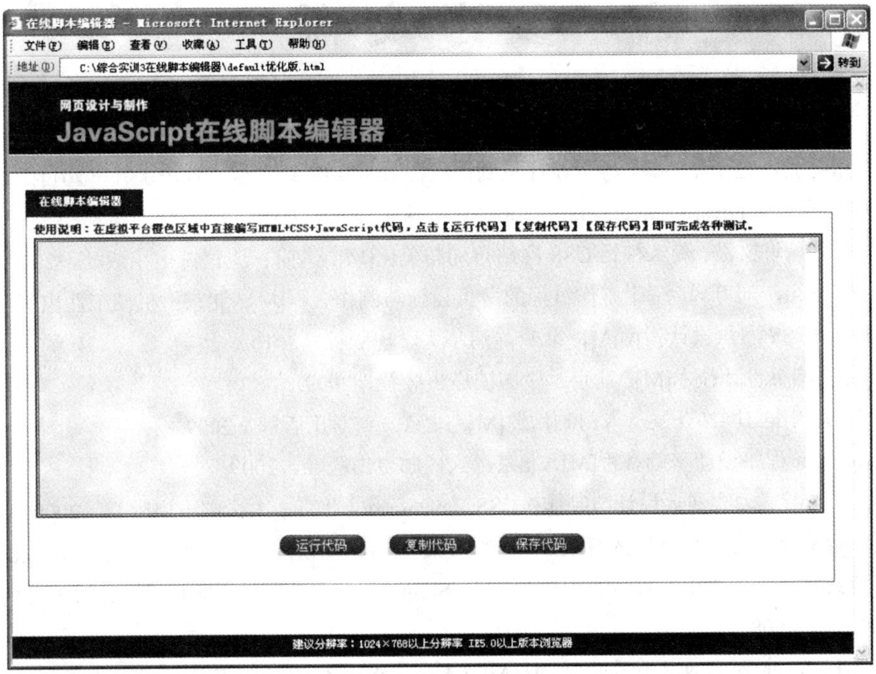

图 11-10　JavaScript 在线脚本编辑器优化后页面效果

参考文献

[1] 郝军启，刘治国. Dreamweaver CS3 网页设计与网站建设标准教程[M]. 北京：清华大学出版社，2008.

[2] 刘瑞新，张兵义，赵子江，等. 网页设计与制作教程[M]. 北京：机械工业出版社，2011.

[3] 许凌云，杨平，等. Dreamweaver+Photoshop+Flash 网页设计全方位学习. 北京：清华大学出版社，2008.

[4] 聂小燕，鲁才，许文波. 美工神话 CSS 网站布局与美化[M]. 北京：人民邮电出版社，2007.

[5] 张洪斌，季春光，刘万辉. 基于工作过程的网页设计与制作教程[M]. 北京：机械工业出版社，2010.

[6] 赵辉. HTML+CSS 网页设计指南[M]. 北京：清华大学出版社，2010.

[7] 任长权. 静态网页设计技术[M]. 北京：中国铁道出版社，2009.

[8] 朱印红. 网页制作与网站开发从入门到精通[M]. 北京：科学出版社，2009.

[9] 曾海. JavaScript 程序设计基础教程[M]. 北京：人民邮电出版社，2009.

[10] 吴以欣，陈小宁. 动态网页设计与制作—CSS+JavaScript. 北京：人民邮电出版社，2009.

[11] 北京阿博泰克北大青鸟信息技术有限公司. 网页编程[M]. 北京：科学技术文献出版社，2005.

[12] 北京阿博泰克北大青鸟信息技术有限公司. JavaScript 客户端验证和页面特效制作[M]. 北京：科学技术文献出版社，2008.

[13] 叶青，孙亚南，孙泽军. 网页开发手记：HTML/CSS/JavaScript 实战详解[M]. 北京：电子工业出版社，2011.